インプレスR&D［NextPublishing］

技術の泉 SERIES

JN045741

エンジニアのための
カンファレンス参加の
楽しみ方

親方Project ｜ 編

Mercury

Lunch session

Security

Management Database

impress
R&D

An impress
Group Company

**カンファレンスに参加して
学びを最大化しよう！**

技術の泉
SERIES

目次

はじめに

時は2021年1月某日

RSGTというカンファレンスに参加していた時にふと思いました。

「カンファレンスに参加するのって学びになるし、とても楽しいな」

しかし、カンファレンスに参加していて有益であると感じるのは、運営だけの力ではないと感じていました。

もしかして、参加者側の姿勢や関わり方によってカンファレンスから得られる物が大きく変わるのではないか？そして、それを知る方法はなかなか無いのではないか？

そう考えて、「カンファレンスを楽しむ方法」をさまざま集めたノウハウ本を作ることにしました。

この本を読むことで、カンファレンスから得られる物がより多くなります。

単純な知識のインプットだけではなく、職場での実践やコミュニティの形成へとつながるなど、カンファレンスとより実利のある関わり方ができるようになります。

著者は、カンファレンスに積極的に登壇している人、カンファレンスでTwitter実況をしている人、爆速で感想ブログを書く人などさまざまな角度からカンファレンスを楽しんでいる人をあつめました。

カンファレンスに参加する時に、「この本のノウハウをひとつ試してみよう！」「他の人のやり方をやってみよう！」

そんな風に、カンファレンスに参加しながら、カンファレンスをより充実した空間にできることを願っております。

2021年9月

企画　KANE@higuyume

免責事項

- ・本書の内容は、情報提供のみを目的としております。著者一同、正確性には留意しておりますが、正確性を保証するものではありません。この本の記載内容に基づく一切の結果について、著者、編集者とも一切の責任を負いません。
- ・会社名、商品名については、一般に各社の登録商標です。TM表記等については記載しておりません。また、特定の会社、製品、案件、イベント等について、不当に貶める意図はありません。
- ・本書の一部あるいは全部について、無断での複写・複製はお断りします。

第1章 カンファレンスに参加しよう

1.1 カンファレンスに参加すべき理由

カンファレンスに参加するメリットはたくさんあります。人によって得られるものはさまざまですが、一般的にいえば、以下のようなメリットがあります。

・楽しい
・似た境遇の人たちとの出会い
・視野が広がる
・エネルギーをもらえる
・知識が増える
・共通言語ができる

単純に話を聞き新しい技術について学び、知識を深めることは楽しいことです。また、他の人、コミュニティとの繋がりができることも期待できます。コミュニティとしての聴講者とのつながり、登壇者、運営、関連コミュニティへの橋渡しなど、さまざまな関係を作るきっかけとなるでしょう。

さらに、感想をブログや実況の形でアウトプットすることで、自分の理解を深め、同時にアウトプットの練習にもなります。そして、そのアウトプットは、他のアウトプット（実況、ブログ、さらには登壇へ、あるいはスタッフとして、など）へ繋がり、あなたの人生を広げたり、変えたりする可能性があります。

単純に「楽しい」だけでも構いません。本書で、カンファレンス参加はこんなに楽しい、いいことあるんだったら参加してみようかしら、って思ってもらえると幸いです。

1.1.1 「カンファレンス」と「勉強会」

なお本書では、全体として「カンファレンス」と「勉強会」を明示的に使い分けることがあります。

共通する部分も多いのですが、規模や雰囲気によって差があることを説明するときなどに混乱しないよう、ここで一応の定義をしておきます。

基本的には、カンファレンスの方が大規模です。とはいえ大規模な勉強会もありますし、小規模なカンファレンスもありますので、参加者の人数だけでは区分できません。明確な区切りがあるわけではありません。また主催者が企業や実行委員のような組織だったものと考えることも難しいです。個人で開催しているカンファレンスもありますし、企業開催の勉強会もあります。

そこで、本書ではカンファレンスと勉強会を、トラック数や時間で区別しているとお考え下さい。

本書では、平日夜などに開催される比較的短時間のイベントを勉強会と呼びます。平日夜、19時スタート、2時間ほどのLTや講演があり懇親会がある、といったイメージです。

これに対し、カンファレンスは、朝から夕方までセッションがみっちりあるイメージです。あるいは午後だけという場合もありますが、それでもある程度の時間を想定してください。また並行し

て複数のトラックがあることも少なくありません。

　開催日時は参加者の属性によって変わります。平日開催のものも、土日休日開催のものもありますが、平日日中に開催されるカンファレンスは、業務として参加する人の割合が高くなります。また、あくまで筆者の印象ですが、企業主催のカンファレンスは平日に、有志団体主催のものは土日開催が多い傾向にあるようです。

1.1.2　カンファレンスの参加ハードルは低い

　カンファレンスというと、何となく敷居が高く感じられるかもしれませんが、そんなことはありません。むしろ、一般の勉強会よりもハードルが低いところもあります。

　・たくさんのセッションの中から選べる

　たいていのカンファレンスでは、2トラック以上の並列セッションがあります。ということは、興味がある方を選ぶということができます。ちょっと聞いてみて興味と違っていれば移動するといったことも可能です。

　・コミュニケーションを強要されない

　懇親会への参加、あるいはスピーカーを囲んでの会話は勉強会・カンファレンスの醍醐味ではありますが、会話のネタがないなぁ、輪に入れるかしら、といったハードルを感じてしまう人もいるのではないでしょうか。たいていの場合は杞憂ですが、特に小規模な勉強会では、懇親会の時に知り合いが全くいなかったりすると、コミュニケーションを負荷に感じて疲れてしまうこともあります。

　カンファレンスでは、人数が多い分、内輪ノリの心配がなかったり、みんなが初対面なので輪に入りやすかったり、輪から抜けたりも簡単だというメリットがあります。

1.2　カンファレンスには何がある？

　カンファレンスに何があるかを、この章では記載していきます。

　これまではオフラインカンファレンスが主流でしたが、昨今はCOVID-19の影響でオンラインのカンファレンスも増えてきています。そのため、オンラインカンファレンス・オフラインカンファレンスでそれぞれ何があるのかを整理して記載していきます。

　もちろんここで挙げたものがどのカンファレンスにも必ずあるわけではないので、お目当てのコンテンツがあるかどうかはカンファレンスのホームページで内容を確認したり、カンファレンスの主催者やスタッフに確認をしてみましょう。

1.2.1　オンラインオフライン共通

　オンラインカンファレンス・オフラインカンファレンス共通で存在するものがいくつかあります。

　・一般セッション

　カンファレンスから選ばれた登壇者が、参加者に向けてスライドを用いながら発表する、いわゆる講演です。時間はカンファレンスによりますが、20分〜45分程度行われることが多いです。

　公募から選ばれたもの、プログラム委員が推薦したものなどがあります。いくつも併設で行われる場合がありますので、どれを聴くのかという楽しい悩みがあります。

・キーノート

一般セッションと同じく、登壇者が参加者に向けて行う講演です。ただし、イベントのオープニングとしての「基調講演」として一般セッションよりも長い時間が取られることも多く、時間は45分〜90分が確保されていることが多いです。また、カンファレンス全体を通したメッセージが伝えられるような講演となっている場合も多く見受けられます。

非常に有名な人、あるいは海外からのゲストが講演することもあります。

・スポンサーブース

カンファレンスのスポンサー専用に用意されるブースです。スポンサーがコンテンツ（プレゼント企画、セッション、対談企画、ワークショップ……）を提供したり、スポンサーの紹介がされています。スポンサーがセッションを持つ場合、会社説明から入ることも少なくないですが、最前線での技術トークが聞ける機会でもあります。また会社説明ということは、会社の雰囲気や人材募集の話が出ることも。

スポンサーブースを回っていろいろな話を聞くだけでも楽しいものです。その中で新しいプロダクトや技術トピックスに出会うことができるかもしれません。今困っていることを、御社プロダクトで解決できるか、と簡単に相談してみる、といったこともできるでしょう

・コーチズクリニック

カンファレンスの登壇者や各業界のプロフェッショナルな方々が、コーチとして参加者のお悩み相談に乗ってくれる場です。仕事や自分のキャリア等に悩みがある方は、是非相談してみましょう！

・ワークショップ

何らかのテーマが用意され、そのテーマにしたがって参加者と主催者で作られる場です。ワークショップの種類は多種多様ですが、トレンドになっているプラクティスを実際に皆で体験して感想を言い合ったり、テーマに沿った成果物を参加者の皆で作っていく形式が多いです。

・廊下

登壇者や参加者で交流や雑談をする場です。どんな話題がいつ起こって誰が参加するのかは、交流が始まる時になってみないと分かりません。

オフラインカンファレンスでは、文字通り廊下、あるいはロビーで自然発生的に交流が生まれます。オンラインカンファレンスでは、交流スペースとしてDiscordのチャンネルやZoomのブレイクアウトルームが設定されていることがあります。また後述のイベントSlackの雑談チャンネルなどがそれにあたるでしょう。

・ジョブボード

新たな仕事にチャレンジしたいと考えている方や、クライアントを探している方々の名刺や自己紹介が貼られている場です。カンファレンス参加者の方々は向上心が高く、仕事に意欲的な方々も多いので、一緒に働きたいと思った方には是非声がけをしてみましょう。

・懇親会

オフラインの勉強会では、たいてい懇親会までセットです。カンファレンスでも懇親会が開催されることは少なくありません（必ずあるというわけではありませんが）。

開催時間にもよりますが、17時まではセッションがあり、そのあと懇親会というパターンが典型でしょう。

さて、昨今のオンラインカンファレンスではどうでしょう？残念ながら、オフラインイベントに比較してユーザー体験はよいとは言えません。さまざまな懇親会に利用可能なツールがありますが、どれも一長一短だったり、オフラインの懇親会ほど密度とユーザー体験の良い交流ができるかというと少々残念な感じとなってしまいます。懇親会の章で詳細に述べますが、若干他の人の話が聞きづらかったり、タイミングを計りづらくて会話がかち合う・お見合いすることが多くなりがちなど……。

1.2.2　オンラインだけにある

・アーカイブ配信

従来のカンファレンスでオンライン配信があるところは稀でした。映像・音声を記録し、編集して配信することにはノウハウや労力が必要です。主催者の記録用などとして映像を残す場合もありましたが、基本的に外に出るものではありません。したがって、聴講するためには現地に行く必要があり、あとから再度見るといったことはできませんでした。これが現地参加へのインセンティブ・モチベーションとなっている側面もあります。

ところが昨今のカンファレンスでは、登壇者もリモートで登壇する、それをZoomやYouTube等で配信する形が増え、ほんの少しの手間でアーカイブ配信することができるようになりました。その結果、さまざまなカンファレンスでアーカイブ配信がされるようになっています。

全セッションを公開しているカンファレンス、登壇者の了承が取れている一部（全セッションの6割とか8割程度）を公開しているカンファレンス、参加者だけに限定公開しているカンファレンスなど、アーカイブ配信の思想や扱いはさまざまですが、たいてい公式ページなどに記載があります。カンファレンスのYouTubeチャンネルを作っているカンファレンスもあります。興味のあるカンファレンスの公式ページなどをチェックしてみてはいかがでしょう？

アーカイブ配信があることで、並列トラックをあとから見たり、再度見て学びを深めるなどが可能です。また、繰り返し見て、理解しづらかったことを繰り返し理解できるまで見るといった活用もできます。また、並行するセッションを片方をリアルタイムで、片方をアーカイブでみるなど、両方見ることもできますね。

・カンファレンス参加者のコミュニティ

Discord／Slackなどによるカンファレンス開始前から終了後まで続くコミュニティが準備されていることが増えました。

オンラインカンファレンスでは、参加者、関係者のコミュニケーションをDiscordやSlackといったチャットツールで取ることが多いですが、そのままコミュニティとして継続します。すなわち、このコミュニティは開始前から存在し、カンファレンス終了後も残り続けます。

そのため、開始前にカンファレンス参加者同士で親交を深めたり、カンファレンス終了後にセッションの内容や印象的だったことで盛り上がったり、カンファレンス後に起きた仕事での変化について語ることが可能です。

参加するのにしり込みする必要はありません。とりあえず入ってみましょう。発言するなどの義務はありませんから、見るだけでも十分楽しい空間になるでしょう。もちろん議論や雑談に積極的に入っていくのもよいですね。相談にのってもらったり、イベント情報のやり取りなどもありますね。

一部の（オフライン）カンファレンスでは昔からありましたが、聴講プラットフォームをそのまま使ったりという形で昨今特に活用されるようになりました。コミュニティとして盛り上がっているところに参加するだけでも得られるものはあります。

1.2.3　オフラインだけにある

昨今の情勢からさまざまなカンファレンスがオンライン開催になり、オンラインのメリットはたくさんあります。しかし次の2点だけは残念ながらオフラインカンファレンスでなければ得られない体験となっており、今のところ残念ながらこれらのユーザ体験はオフライン開催イベントには勝てません。懇親会については、オフライン限定というわけではありませんが、ユーザー体験的にはオフラインの方が満足度が高いため、再度取り上げます。

・スポンサー展示

会場内にスポンサー各社が展示ブースを出し、製品紹介のパネル掲示、チラシ配布、ノベルティ配布などを行っています。これはオフラインカンファレンスにしかありません。パネル掲示などはともかく、チラシやノベルティ（ステッカーやボールペン、ロゴ入りグッズなど）、またブース担当者との直接会話といったユーザ体験はオフラインの方が優れていると言わざるを得ません。その場で使ってみるといったこともオフラインの方が簡単です。

・ランチセミナー

スポンサー各社によるランチセミナーがあるカンファレンスもあります。お昼の時間帯に、ランチ（サンドイッチやお弁当）を食べながら聞くスポンサーセッションです。

スポンサー各社の生の声を聞くとても良い機会です。会社の技術紹介などは生の声が聴けます。最前線でどういう使われ方をしているのかといった情報を得ることもできるかもしれません。また人材募集しているといった情報についても、どういったポジションなのかといった細かいところまで知る機会にもなります。会社としても、人材募集などの思惑があってやっているランチセミナーですから、少しでもマッチングの確率を上げるために情報を頑張って出していることでしょう。

なお、たいていほぼ満席ですが、それを見越して設計しているので、ランチにありつけないということは稀でしょう。

・懇親会

懇親会は、オンラインオフラインともにあります。むしろ、運営側の準備（料理や飲み物、会場の机を並べるなど）が不要なので、カジュアルに時間枠として設定される傾向もあります。

1.3　まとめ

カンファレンスへの参加は、心理的にも、その他の要因にしても、ハードルの高さを感じることがあるかもしれません。しかし、それらのハードルは決して高いものではなく、かつ得られるものは大きいと考えています。学びや縁、コミュニティ、あるいは楽しい時間、という貴重なモノが得られる可能性は高いといえるでしょう。

オンラインカンファレンス、オフラインカンファレンスで勝手の違うところもありますが、得られるものは共通するでしょう。カンファレンス参加をきっかけにいいことがありますように！

第2章　まずはカンファレンスに参加してみよう

2.1　参加したいカンファレンスを探す

参加したいカンファレンスを探さないことには話は始まりません。世の中にはたくさんのイベントがあります。その中で、よいイベントに出会うことを祈っています。

中でも確度の高めな探し方をいくつかご紹介します。

2.1.1　Twitterで探す

Twitterで、自身が興味・関心のあるキーワードについての情報を発信しているユーザをフォローして、定期的に発信する内容をチェックしておきましょう。

カンファレンスに限らず、有益な情報が発信されているかもしれません。ある程度規模が大きいカンファレンスであれば、カンファレンスの公式IDで必ず複数回は関連情報を発信してくれているはずです。ハッシュタグで追っていくとイベント前でも概要をつかむことができるかもしれません。

他の情報源でも共通しますが、ヒットするカンファレンスをみつけたら、前回カンファレンスの公式ページはぜひチェックしましょう。たいていの場合、過去のタイムテーブルが公開されています。講演タイトルから今の自分に刺さるか、学びが多そうか、といったことをチェックすることができます。またそれぞれのセッションの概要を見たり、概要にある登壇者のプロフィールから過去の登壇の発表資料へのリンクを探してチェックしたりもできるでしょう。アーカイブ配信されているセッション動画を見てみるのもよいですね。そのカンファレンスに参加するしないとは若干別の話ですが、そういった過去の資料をチェックするだけでも大きな楽しみ、学びが期待できます。

2.1.2　フォロワーの口コミから見つける

フォロワーが「今度こんなイベントに参加します」といったツイートをしていることがあります。イベントタイトル（あるいはその略称）だけをつぶやいていることもありますが、気になったら検索してみましょう。

略称でもたいていは公式ページがヒットするはずですし、引っかからなければ直接聞いちゃうのもアリです。

フォロワーはある程度自分に近い属性を持っていることがあり、その人にヒットしたということは自分にもヒットする可能性が高くなります。オフラインのカンファレンスであれば、懇親会で会うこともできますね。オンラインでも、交流スペースがあればそこで直接会話することもできるかもしれません。

2.1.3 イベントサイトで探す

connpass(https://connpass.com/)やdoorkeeper(https://www.doorkeeper.jp/)に代表されるイベントサイトで、自身が興味・関心のあるキーワードでイベントを検索してみましょう。

カンファレンスは、参加人数が他のイベントに比べて多い場合がほとんどなので、「人気のイベント」を検索してみるのも良いでしょう。

イベントサイト自体がコミュニティになっていることもあります。イベント時だけでなく普段から関係者がいるSlackやDiscordへのリンクが張られていることもあり、次に述べるコミュニティの入り口となっていることもあります。新しいコミュニティへの入り口のひとつですね。

2.1.4 コミュニティのチャットで探す

所属しているコミュニティがあれば、その雑談チャンネルなどでカンファレンスの話題がないか時々チェックしてみましょう。

あるいは、「イベントチャンネル」のようなものを作って、興味ある（参加予定含む）のイベント情報をみんなが書き込むようにするというのもひとつの手です。さまざまな情報が集まってくるでしょう。コミュニティの技術に関わるイベントがもれなく見つかったり、思いもよらないイベントに出合えるかもしれません。また、そのイベントの関係者（登壇者や主催者）がいるかもしれません。

宣伝はやりすぎるとうっとおしくなってしまいますが、ある程度（イベント告知のタイミングと1週間前等）に情報を流す程度ならネガティブには思わないでしょう。情報もGive and Takeできるとよいですね。あなたが紹介したイベントが誰かの参加につながり、他の人の情報であなたが参加する、素敵なシチュエーションですね。今度こんなイベントがあって、と紹介しあうことで、アンテナも広がります。

2.2 参加登録する

興味があるカンファレンスが見つかったら、参加登録してみましょう。connpass等のイベントサイト、カンファレンスの公式Webサイト等で参加登録ができます。

基本的にはフォームにしたがって必要事項を記入するだけです。なお、カンファレンスによっては、参加申し込み時点で聴講したいセッションを聞かれる場合があります。公開されているタイムテーブルにざっと目を通し、ファーストインプレッションで選択しておけばよいでしょう。当日までに気が変わったり、あるいは他に見たいセッションが出てくることもありえます。最初の登録がどの程度厳密なものなのかはカンファレンスによりますが、まったく変更不可能ということは稀です。主催者もたいていの場合余裕をもって人数設計をしていますので、オフライン開催のカンファレンスでも立ち見は可能でしょう。オンライン開催なら、そもそも人数制限が（事実上）ない場合も少なくありません。

なお、有料カンファレンスでは、申し込みの後決済手続きを行います。イベントサイトの申し込みから直接支払いができる場合、連携したPayPalなどの支払いプラットフォームを使う場合、（あまり多くありませんが）銀行振込の場合などがあります。セッションが切れたりすると面倒になる

ので、あらかじめ手元にクレカを準備しておくとか、ログインできることを確認しておくとスムーズです。業務としてカンファレンスに参加する場合で、かつ会社が参加費を負担するため請求書払いとする必要がある場合などは、手続きに時間がかかることが予想されます。余裕をもって参加登録をしましょう。

また、参加登録した旨をTwitterをはじめとしたSNSにアップすると、参加者の方と事前に繋がるチャンスが出てくるので、お勧めです。

特に気になるセッションがあれば、事前に聴講予定である旨や参加・聴講への期待をツイートしておくと、登壇者に拾われる可能性もあります。

2.3 事前準備しておく

参加登録が無事に完了したら、忘れない内に事前に必要な準備を済ませておきましょう。必要な準備はカンファレンスによりますが、主なものとしては以下の通りです。

・タイムテーブルを確認する

どのセッションに参加するかはあらかじめ考えておきましょう。参加前の一番楽しい時間です。これはオンライン・オフライン共通ですね。

オンラインカンファレンスならば、次のような準備をしておくことをおすすめします。

・Zoomを最新バージョンにアップデートしておく
・Discordサーバに入っておく
・事前アンケートに答えておく
・カンファレンスのホームページの注意事項や禁止事項、行動規範を確認しておく

ツールの準備に手間取って当日バタバタする、最悪ログインできず参加できないといったこともありえます。いずれもそれほど時間がかかることではないのでやっておくことをおすすめします。

カンファレンスやセッションによっては事前アンケートなどがある場合があります。登壇者が参加者のバックグラウンドを確認したり、参加者が内容に関してあらかじめ考えておくといった形で心づもりをすることで理解がスムーズになるなどのメリットがあります。積極的に参加するとみんながハッピーになるでしょう。

・予定の確保（最重要！）

最重要です！予定の確保（仕事の調整や家族への連絡……）も、忘れないうちに必ず実施しておきましょう！

参加を阻む最大の障害は急用です。当日仕事が終わらない、割り込みが入った、などなどあり得ます。

せっかく楽しみにしてたのに、仕事が終わらなくて参加できなくなってしまった……なんてシチュエーションは悲しいですよね。

2.3.1 仕事として出る？プライベートで出る？

カンファレンスへの参加は、仕事として参加する場合と趣味・プライベートで参加する場合があるでしょう。場合によっては少し複雑な思いを抱えてしまうこともあるので、その点について考え

ておくとよいでしょう。

平日開催のカンファレンスと、休日（土日祝日）開催のカンファレンスがあります。平日に参加するカンファレンスが就業扱いとなるのか、有休をとるのかといった点が気になります。逆に休日開催のカンファレンスに参加する場合、勤務扱い（＝休日出勤）としてよいのか、趣味・自己研鑽として扱うのかという点です。

また有料のカンファレンスと無料のカンファレンスがありますが、有料の場合参加費を会社に出してもらうのか自腹を切るのかという点も気になりますね。そしてカンファレンスで得た知識をどこまで業務で活用してよいのか、あるいは活用するなら業務として認めてほしいよね、といったことも気になるはずです。

先に結論から述べてしまうと、それぞれ所属する会社・部署によるところが非常に大きいです。上司の理解や会社の制度によります。業務として参加したいと相談してみてOKが出ればそれは業務です。もちろん業務命令で「参加してきて」と言われれば業務です。一方で業務と直結しないけれど業務の役に立ちそうだから参加したいという場合、自己研鑽という扱いになり、業務外と認定されることが多くなるでしょう。また、参加費も同じです。有料のカンファレンスに参加する場合、業務命令ならば会社が費用負担してしかるべきです。総務担当者などに支払いルートなど相談してみましょう。

平日に参加する場合、一度上司などに相談してみてもいいでしょう。「こういう面白そうなカンファレンスがあって、業務に（ある程度具体的に）役に立ちそうですから業務扱いで出られませんか？」と相談するのが確実です。幸いにして、業務として参加できることになったら、精一杯楽しみましょう。学びを得て、（業務の）いろいろなところで有効活用できるといいですね。もっとも、直接は役に立たないとしても、そこで得たさまざまな考え方などはきっといつか役に立つでしょう。

業務時間に参加する、参加費を会社に出してもらうと、平日でも大手を振って参加できます。有給を取る必要もありませんし、参加費の負担もありません。これらはカンファレンス参加に大きな後押しになるでしょう。

ただし、業務時間中に参加する場合、また会社が費用を負担する場合、その参加レポートのようなものを求められる場合があります。アウトプットの一環として行う分にはよいですが、手間が増えてしまう、義務感ばかりが先に立つ、レポート作ってもだれも見ない（共有されない）ので報告するモチベーションが上がらない等、無駄や負担になってしまうようでしたら、プライベートでの参加を考えてもよいでしょう。

もし、上司などにカンファレンス参加の相談をして頭ごなしに「役に立たん！業務？ないない。そんな暇あったらコード書け」なんていわれたら、そのときはカンファレンスが業務扱いかどうかという問題ではなく、転職を検討してもいいかもしれません。

また、業務といえど、ただ参加すれば良いというものではありません。せっかくなのでいろいろなセッションを聴いたり、資料も事前チェックするなど、有意義に使いましょうね。

2.4　どのセッションを聞く？

参加したいカンファレンスの中で、どのセッションを聴くかは悩ましい問題です。なぜなら、ど

のセッションも魅力的な内容ですからね。

さまざまな選び方がありますので、その中でいくつか選び方について述べます。

・興味ドリブンで聴く（深く考えなくてよい）

ファーストインプレッションで選ぶというのはたいていの場合ベストチョイスです。タイトルに惹かれる、登壇者に惹かれる、などがありますが、今の自分に一番必要なセッションだと思ったからフックしたと考えることができます。また、タイトルをうまくつけているセッションは、発表者がこなれている（ターゲッティングが上手い、プレゼンや内容が上手い、など）であり、満足度は高くなるでしょう。

・リアルタイムを優先する

後日配信があるセッションと、リアルタイムのみのセッションが競合した場合、リアルタイム限定セッションを優先するというのはよい選択です。これは単純に、あとから視聴することができないからです。

・ワークショップがあるセッションを優先する

ワークショップは、自ら体験することで学びを得る場です。あとから資料を見る、動画を見るなどでは、ワークショップの醍醐味を味わうことはできません。優先度は高くなります。

・YouTube配信（後日配信）があるかどうか確認する

YouTube等でセッションのアーカイブ配信を行うカンファレンスは少なくありません。特にオンラインカンファレンスでは、主催者にとっては設定を少し調整するだけでアーカイブ配信することも可能ですから、アーカイブ配信されるものもオフラインカンファレンスに比べて多くなります。その結果、聴講者にとって聞き逃したセッションあるいは裏番組でも後日チェックすることが可能です。ですから、配信のないセッションを優先することは合理的です。

またアーカイブ配信を視聴するメリットはいくつもあります。全体は高速再生（例えば1.5倍速）で聴いて時間短縮をしながら、要点を低速/繰り返し見て理解を深めるといった、リアルタイムではできない視聴方法ができます。

・それでもリアルタイムで聞きたい！

後日配信があったとしても、リアルタイムで聴きたいという要求もあるでしょう。セッション中にDiscordやZoomのチャットが一気に盛り上がる様子などはリアルタイムでしか感じることができません。盛り上がることが予想されるセッションについては、リアルタイムで聴いてみくのも良いでしょう。Twitter実況をしながら自分の理解を深めたいといったモチベーションに対してもリアルタイム視聴でしか得られません。

・登壇者の名前で選ぶメリット・デメリット

登壇者の名前でセッションを選ぶのも選択肢のひとつです。では、登壇者の名前で選ぶメリット・デメリットは何でしょう？

名前が売れていて有名な登壇者の発表は、ほぼ間違いなく面白いですし、セッションを聴いている人も多いので、カンファレンス当日や後日に、登壇内容をネタに盛り上がることもできます。

また、名前で選ぶということは、あなたがすでに知っている人ということ。自分の興味に刺さるテーマである可能性が高く、かつ前回聞いたことのある内容が一部に含まれるため、理解がしやすくなるでしょう。前提知識をすでに持っている可能性が高く、前提の理解にリソースを取られると

いうことがありません。知っている人であれば、そのプレゼンやトークスキルもだいたいわかっているでしょう。知っている＝聴講経験がある＝登壇経験豊富といってもいいかもしれません。ハイクオリティなプレゼン・トークを聴くことができるでしょう。

そういう観点で考えて「知っている人を選ぶ」というのはよい選択肢です。

デメリットは、その反対面になります。予定調和な内容で、悪く言えば斬新さに欠けます。だいたい知っていることを繰り返し聞くことになるので、驚きや全く新しい内容との偶然の出会いという観点で評価するともう一歩と言えるかもしれません。

また皆から登壇内容の要約を聞けたり、後日感想ブログで登壇の様子を知ることができたりする確率が高いということでもあるので、ネタばれに遭遇する可能性が高くなってしまいます。ネタばれを嫌うなら注意しましょう。

ですから、あえて知っている人のセッションはリアルタイム聴講から外して、アーカイブ配信で対応し、リアルタイムでは知らない人のセッションで新たな出会いを狙ってみるというのはよい選択です。

・普段自身が馴染みの薄いテーマを聞いてみる

普段自身が馴染み薄いテーマを聞いてみると、新たなつながりを作るきっかけが生まれるかもしれません。新たな技術や考え方、人との出会いが期待できるでしょう。また、普段は自身との関わりが薄い領域のテーマのセッションを聴くことで、斬新なアイデアが思いつくこともありますし、自分が知らなかった知識を数多く得ることで、刺激をもらうことができるでしょう。

前述の「あえて知っている登壇者を外す」というのにも類似しますが、前提知識の不足によってその場では腹落ちしないかもしれませんが、これをチャンスとして深く学び始め、素晴らしい結果を得ることになるかもしれません。

・英語のセッションはどう聴く？

聞き取りはなかなか大変ですよね。聞き取りと理解を同時にしなければいけませんから、タフなシチュエーションです。

対策として、同時通訳的なものがある場合があります。これはありがたく使いましょう。

YouTube等では、字幕を表示することができる場合があります。何なら自動翻訳まで。イイですね。

あとは、割り切ってスライドだけを見るという手もあります。たいていスライドには内容のエッセンスは入っています。断片的に聞きつつ、スライドで理解することに全力を尽くすという手もあります。

なお、英語のセッションについては、後日字幕がつけられることも多いので、英語のセッションだから聞くことができないと諦めずに、気長に待ってみると良いでしょう。また、海外カンファレンスに参加されていたりと英語のセッションに慣れている方々も多くいますので、その人と一緒に同時視聴をして、内容を補足してもらうのも、一体感と内容理解を同時に得られ、かつ大変楽しい選択だと思います。

2.5　まとめ

　カンファレンスに参加するまでのポイントをご紹介しました。すべてを採用しなければいけないというわけではありませんが、やってみると少しお得になるかもしれません。

第3章　カンファレンスに参加するための準備

　カンファレンスに参加登録した後は、カンファレンス当日までの期間で事前に準備をしておくことで、カンファレンスをさらに楽しいものにすることができます。本章では、カンファレンスに参加する際の事前準備の一例をご紹介します。

　ただし、「何も準備せずに当日の流れに身を任せて参加する」でも十分カンファレンスを楽しむことができます。時間がない時やとりあえず参加してみる、みたいに気負わず参加してみるのもいいものです。準備せずに参加することをマイナスとする意図はありません。

3.1　カンファレンスに何を求めて参加するかの確認

　カンファレンスに参加することで、多数のメリットを得ることができます。そのなかでどのメリットを求めて参加するのかについて自分の中で事前に整理しておくと良いでしょう。もちろんひとつに絞る必要はありませんが、どのメリットを重要視するかをはっきりさせておくことで、当日スムーズに動くことができます。聴きたいセッションがかぶったときなどにどちらにするかを決めるときにも役に立つでしょう。

　カンファレンスに参加することで得られるメリットは多数ありますが、代表的なものだと以下のようなものがあります。

- ・学びを深める
- ・仕事や自身のキャリアについて相談に乗ってもらう
- ・繋がりを増やす
- ・とにかく楽しい

　カンファレンスに参加したことのある方であれば、いずれも納得していただける内容だと考えます。これまで知らなかった新しい知見や技術と出会う、「なんとなくわかっている？」程度だったことの理解をより深める、といった面は非常にわかりやすいものでしょう。懇親会などの会話で相談をしたりすることで解決の糸口を得たり、自身の思考整理ができたりすることがあるかもしれません。そこで出会った人とSNSでつながりができ、新たなコミュニティに参加したりすることがあるかもしれません。そしてなにより、「とにかく楽しい」という非常に大きなメリットがあります。

　具体的にどのメリットを求めて参加するのかが決まったら、そのメリットに合わせて準備をします。次節からは、上記で挙げた4つのメリットを最大化するための事前準備を具体的に説明します。

3.2　学びを深めるための事前準備

　本節では、学びを深めるための事前準備の一例を具体的に書きます。

3.2.1 タイムテーブルを調べて、どのセッションを聴くのか事前に決めておく

タイムテーブルは、基本的には事前公開されるので、自身の興味に合わせて聴くセッションを決めておくと良いでしょう。

事前にセッションを決めておくことで当日の動きがスムーズになりますし、セッションの前提となる知識を事前に収集しておいたり、事前に参考文献を準備しておくことも可能です。

参加するセッションを決める際には、以下の項目に留意するとよいでしょう。

・自身の興味との一致度
・セッション聴講の対象者（初心者向け／中級者向け／上級者向け）
・セッションの要約・概要（たいていタイムテーブルに載っています）
・当日にしか聴けない内容がどれ位あるか
・後日にセッションの様子やスライドが公開されるか

3.2.2 開催されるワークショップを事前に調べておく

カンファレンスで開催されるワークショップを事前に調べておき、参加したいワークショップがあった場合は、ワークショップ参加にあたって必要な準備（ネタを仕入れたり関連文献を読んだり……）を事前にしておくと、当日スムーズにワークショップに参加することができます。

当日もワークショップに参加するための準備時間は設けられますが、時間の制約で準備時間が短めであることが多いので、事前に準備をしておくと安心です。みんなでゲームに参加するときに、その場で教えてもらいながらやるのも楽しいけれど、簡単にルールを知っておくと（予習しておくと）スムーズですよね、といったイメージです。

また、ワークショップは基本的に自分で手を動かすことで体験や学びを得る場ですから、アーカイブ配信されない場合が少なくありません。また配信されていたとしても、それを見ているだけでは抜け落ちてしまう情報は少なくありません。先の項目の4、5番目の項目に関わりますが、タイムテーブル選択の根拠として重要な割合を占めることが多くなります。

時間帯の競合がある場合、後日公開される一般聴講より、リアルタイムの体験が重要なワークショップを優先するというのは、満足度を得やすい選択肢といえるでしょう。

3.2.3 登壇者のプロフィールを確認しておく

登壇者がどのような内容を専門としているのか、どんなスタイルのプレゼンをするのか、どんなキャリアを歩んでいるのかを確認しておくと、当日のセッションでより学びを深めることができるでしょう。

特に、登壇者のキャリアを知ることは登壇者のコンテキストを理解することに繋がるので、セッションを聴いて自身が現場で学びを実践する時に役立つでしょう。コンテキストの違いに注意しながら、ここは素直に現場に取り入れるべき、ここはコンテキストが違うので現場で取り入れる際には注意すべき……などと意識できます。

3.2.4　登壇者が過去に発信している内容を確認しておく

登壇者の過去の登壇資料や書籍、ブログなどを見ておくと、登壇者が前提として持っている（期待している）知識や、これまでの登壇との関連が分かります。時間的な制約もありますが、ざっくりでいいので確認しておくと良いでしょう。

特に、登壇者がどのような過程を経て、その日の登壇内容の結論に至ったかを理解しておくのは大切です。なぜその結論に至ったのかを理解しないと、登壇者の結論が適用できるシチュエーション等を見誤ることに繋がるリスクが高まります。

3.2.5　質問を用意しておく

質問を事前に用意しておくと、登壇者に自身の疑問を直接ぶつけられるチャンスができるだけでなく、自身がそのセッションで何を学びたいのかの言語化にも繋がるのでお勧めです。

また、自身が気になっている部分についてあらかじめ質問を用意しておくことで、自身が気になっている部分に関連する情報を認知しやすくなったと感じた経験も、筆者にはありました。(≒カラーバス効果)[1]

3.2.6　聴講したときの学びや感想を予想する

あらかじめ質問を用意しておくのと近いのですが、セッションの内容を予想して、事前に学びや感想、得られる内容をイメージしておくと学びを深めることができます。単に内容を予想するよりも、学びや感想を予想することでより具体的に予想することができるでしょう。

事前にセッションの内容やストーリーを予想することで、自身の中で足りなそうな知識を認知して予習することができますし、セッション中の学習負荷を減らすことができます。

当然、予想が外れることもあるとは思いますが、意外性を感じることで記憶に残りやすくなる効果が期待できるので、予想が外れることを恐れる必要は全くありません。

3.3　仕事や自身のキャリアについて相談に乗ってもらうための事前準備

本節では、仕事や自身のキャリアについて相談に乗ってもらうための事前準備の一例を、具体的に列挙します。

相談する内容は他の参加者にとっても有益なものかどうかを意識するとその場にいる皆の学びになるのでオススメです。懇親会などでの相談は、コンサルティングやがっつり教えてもらうという場ではありません。あまりに特殊な事例や時間がかかりすぎる内容、守秘義務に抵触するような内容を避けつつ、共有しやすいレベルの内容が好ましいと考えます。

例えば、「今転職しようか迷っていて、XX さんが転職決めた決め手って何ですか？」といった内容は質問しやすいでしょう。これに対し、「今転職しようか迷っていて。会社があまりにもブラックで、労基に駆け込もうか…（以下延々と続く）」といった質問なのか愚痴なのか、あるいは自分語り

---

1. カラーバス効果：ある事柄を認識したらそのことについて目に入る、耳にする機会が増えるという認識バイアスの一つ。「車欲しいなぁ」と思ったら、街ゆく車がやたら気になるとか、今日のラッキーカラーは青と聞くと、青いものが目につくようになるといったものです。

が過ぎるようなものは避けた方がよいでしょう。

3.3.1 登壇者 (&参加者) のプロフィールを確認しておく

技術界隈の方々は優しいので、困っていることを相談すればどなたでも基本的には相談に乗ってくれると思います。

ただし、どの方にも得意分野が存在するのは間違いないので、事前に登壇者のプロフィールを確認し、何の分野で相談に乗ってもらうことができそうかを確認しておくと良いでしょう。一般的なカンファレンスではプロフィールも公開されていることが多いので、事前に確認するのが良いでしょう。

また、懇親会などでも、登壇者を囲んでいる参加者も登壇者またはあなたに近しいバックグラウンドを持つことが少なくありません。登壇者を囲んでの会話の中で得るものは大きいと考えられますので、その点で参加者のバックグラウンド（の傾向）を知っておくことでコンテキストを共有しやすくなるといえるでしょう。

3.3.2 自身が悩んでいることを整理しておく

いざ相談に乗ってもらうタイミングでは、自身の悩みをできる限り整理しておくと良いでしょう。相談できる時間は限られているので、相談する内容があまり整理できていないまま相談に臨んでしまうと、質問を受けながら話を整理して相談する時間が終わってしまう状況に陥ることもありえます。

特に、自分と異なる会社に所属する相手に相談する場合は、コンテキストの共有をする必要があるので、その点に注意して整理を進めていきましょう。ただし、当然ですが社外秘に触れない内容にする必要がありますし、あまりにピンポイントすぎる内容、バックグラウンドの説明が長すぎるような質問は避けましょう。1対1のコンサルティングの場ではありません。また他の人をあまりにもネガティブに貶めるタイプの質問は避けた方がよいでしょう。

ただ、悩みが整理できていないような状態、何が問題なのか良く分からないような状態でも、相談中にアドバイスを受けることで頭が整理され、悩みが解決することも十分考えられます。そのため、整理できないからといって相談を諦める必要は全くありません。

自身ができる限りの状態までは悩みを整理しておくと、相談の時間をより有意義に過ごすことができますよ、という話だと考えていただければ幸いです。

3.3.3 相談に乗ってもらう時間を決めておく

相談に乗ってもらう時間について、ある程度目星をつけておくとスムーズに相談ができるでしょう。当日のタイムテーブルを見て、相談相手が忙しくなさそうな時間に目星を付けたり、自身がどうしても聴きたいセッションが何時にあるのかを確認し、ざっくりと相談に乗ってもらう時間を決めておきましょう。

3.4 繋がりを増やす (濃くする) ための事前準備

本節では、繋がりを増やす（濃くする）ための事前準備の一例を、具体的に書きます。

3.4.1　TwitterなどのSNSでカンファレンスに参加する旨を呟く

事前にSNSでカンファレンスに参加する旨を発信することで、同じカンファレンスに参加する人たちから反応を貰うことができ、カンファレンス前から繋がりを増やすことができます。

カンファレンス中やカンファレンス終了後に、事前にSNSで繋がった人とカンファレンスの内容を共有することができれば、より一層繋がりを強くすることができるでしょう。

3.4.2　自己紹介を考えておく

カンファレンス中は突然話しかけられたりすることもあります。簡単に自己紹介を準備しておくのが良いでしょう。

自己紹介の内容は、個人がどこまで情報を開示できるかにも依存しますが、基本プロフィール（氏名やSNSのアカウント名）、仕事（仕事内容等。会社名を出すかどうかは場合によります）に加えて、今興味のある技術やトピックス、カンファレンスに参加しようと思ったきっかけなどを用意しておく（あらかじめ考えておく）と、自己紹介後に話が広がりやすいのでお勧めです。

自己紹介のひとつの手法として、名刺を作っておくこともおおすすめします。ハンドルネーム、TwitterIDなどのコンタクト先、Twitterアイコン、興味ある項目などを書いた名刺があるとよいですね。名刺印刷をやっている印刷業者は探せばいくらでも見つかりますし、安価かつ短時間で作れます。テンプレートも公開されていますし、他のカンファレンス・勉強会でもらった名刺を参考に作ってもよいでしょう。

本業名刺でよいじゃないか？という議論もありますが、勤務先などのデリケートな情報が載っているという点と、SNSなどの気軽なコンタクト先が載っていないという点で不適と考えます。仕事としてカンファレンスに参加する場合は本業名刺である必要がある場合が多いのですが、使い分けをした方がよいでしょう。

3.4.3　自身が熱中して取り組んでいること/悩んでいることを言語化しておく

カンファレンス参加者の方は、技術や外部コミュニティ参加に対してのモチベーションが高い&人助けを積極的にしてくれる優しい方々が多いです。そのため、自身が熱中して取り組んでいることや悩んでいることを言語化しておくと、相談に乗ってもらえる場合があります。カンファレンス終了後も繋がりを持てることがあります。興味に合わせてコミュニティやサービス、書籍を紹介してもらえる、SNSで繋がりを維持してもらえる……といったことが期待できます。

また、今から始めたいこと、やりたいことを言語化しておくのも未来につながる繋がりを作るきっかけになるかもしれません。

「こんなことやりたいと思ってるんですよ」という一言をきっかけに、（規模はさまざまですが）新しいプロジェクトやイベントが始まった例をいくつも知っています。

3.5　とにかく楽しむための事前準備

本節では、とにかく楽しむための事前準備の一例を、具体的に書きます。

3.5.1　何も準備せずに当日の成り行きに身を任せる

　とにかく楽しむことを目的にするのであれば、事前に何も準備せず、当日の流れに身を任せるのも良いでしょう。事前準備と矛盾するようですが、すべてを下準備して予定調和だけになるのもつまらないものです。偶然すてきなセッションに出会えることも少なくありません。思いもよらなかった内容から大きな学びを得ることもあるでしょう。ですから、すべての枠を埋めよう、聴講しようとせず、わざと空き時間を作っておいて流れで聴講/選択するといったことも、当日の満足度を上げるためにはよい選択になりえます。

　またランチの時間を十分に確保して午前のセッションの感想を整理するといった時間の組み立て方もよいですね。新しい内容を一気に取り込むカンファレンス聴講は予想以上に疲れます。午前のセッションをゆっくり思い出しながら理解を深めつつ、休憩時間はゆっくり休憩し、午後のセッションに備えましょう。

3.5.2　廊下/待合ホールを楽しむ

　カンファレンスでは、セッションやワークショップが開かれている最中に、ゲリラ的に廊下やDiscordサーバ上で会話が始まったり、事前に予告がないイベントが発生したりすることがあります。これらを体験するために、当日のフィーリングで自由に行動する形でも、最高に楽しめると思います。特にこういった突発イベントは、後日配信や資料共有などであとからチェックすることが難しい場合が多いので、その場を全力で楽しんでください。

　廊下での会話は主催者によって提供されるものではありませんから、盛り上がるかどうかはその場出たところ勝負です。ですが、盛り上がっていると人が集まってきてさらに盛り上がるといったことも。参加者同士の雑談、（その時）セッションのない登壇者が集まって話ししているようなところがあれば、休憩時間に覗きに行ってみましょう。

3.5.3　（オンライン参加の場合）お酒を用意しておく

　オンライン参加の場合は、セッション中に自由に飲食ができるので、セッションをお酒のつまみにして、リラックスしてセッションを聴くのもありです。

　オンラインだと、セッション終了後にオンラインで懇親会・乾杯が行われる場合が数多くあるので、事前にお酒を準備しておいて損することはないはずです。特に懇親会はアーカイブ配信されない場合もあり、おつまみ準備で聞き逃すとかはもったいないですね。

3.5.4　事前に知り合いを作る

　知り合いを事前に作っておくと、当日一緒に楽しめる人が増えますし、会話に入るハードルもぐっと下がるので、事前イベント（前夜祭など）に参加して知り合いを増やしたり、TwitterなどのSNSでカンファレンスに参加する方々と繋がりを持っておくと、楽しめる確率がより上がるでしょう。

　オフライン開催やアーカイブ配信のないカンファレンス・セッションに対して、手分けして聴講し、あとで内容を共有するというのもよいテクニックです。セッションのすべてを掬い上げることはできませんが、要点だけを吸収することができる可能性があります。むしろ聴講してくれた人が

かみ砕いてくれた分わかりやすい可能性すらあります。また自分の聴講した分を同じように共有することで、他の人に伝えるために再構築する過程で自分の理解度もアップしますし、アウトプットの練習にもなります。これらの効果は、アーカイブ配信を見るだけでは得られません。

3.6　まとめ

　カンファレンスを楽しむための事前準備について整理しました。

　カンファレンスはそれ自体とても楽しいもので、ちょっとした事前準備をすることでその学びの効率は何倍にもなります。また偶然の出会いを逃さないようにという準備もひとつの選択です。

　あなたのカンファレンス参加が実り多きものになりますように。

第4章 カンファレンスでの学びを何倍にも深めちゃおう

4.1 カンファレンスは知の交差点

　カンファレンス。半日から丸一日、規模の大きなものだと数日間に渡って開催されるものが多いですね。そしてたいてい複数トラックが平行して走っています。異なる現場で醸成されたバリエーション豊かな実践知が惜しげもなく披露される……そう考えてみると、なんて贅沢なイベントなんでしょうか。

　そして、カンファレンスではセッションだけではなく、終了後の質疑応答や参加者同士の議論、そして参加者によるレポートなど、さまざまな形で知が交差し、融合し、一人では辿り着けなかったような知の地平にまで我々を誘ってくれるのです。

　この章では、「知の交差点」であるカンファレンスにおける学びを何倍も効果的なものにするための考え方を紹介します。

　学びを最大化していくため、ナレッジマネジメントの枠組みである"SECIモデル"をベースに解説します。

4.1.1 SECIモデルで考える

　このSECIモデルというものは、「失敗の本質」などの著作や、スクラムの元となった論文"The New New Product Development Game"[1]で知られる野中郁次郎氏により提唱されたモデルです。

1.The New New Product Development Game, Hirotaka Takeuchi and Ikujiro Nonaka, Harvard Business Review, 1986.

図 4.1: SECI モデル

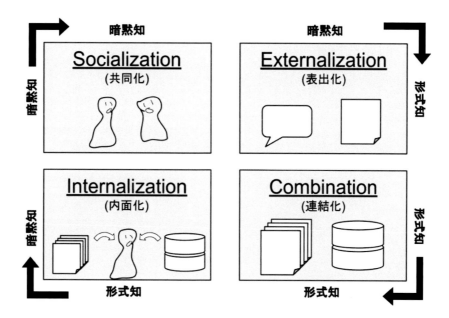

　個人が持つ暗黙的な知識、暗黙知が以下のような4つの変換プロセスを経て集団や組織の集合知へと発展してゆく、という考え方です。
・共同化（個の暗黙知→場の暗黙知）
・表出化（場の暗黙知→形式知）
・連結化（形式知の融合による新たな形式知の生成）
・内面化（形式知を咀嚼し自らの暗黙知とする）
　いうなれば、個々のセッションはスピーカーそれぞれの現場で共同化された暗黙知が表出化したものになります。そして、セッションに参加する立場の人間は、まずその形式知を自分なりに理解し解釈すること、換言すると「内面化する」ことから始めます。セッション聴講時のSECIモデルの起点は次の図で示すように「内面化」になります。

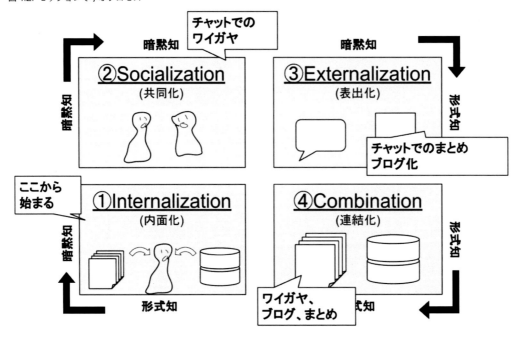

4.1.2　知らないキーワードが飛び交う場では内面化に集中する

　初学者の状態で勉強会やカンファレンスに参加すると、これまで見たこともない情報の洪水に圧倒され、堂々たる講演者のふるまいに憧れを抱くのと同時に、「何言っているのか全然わからない」という状態になることもしばしばです。ですが、「自分は何も知らない……」と気落ちする必要はありません。おそらく、その場に参加するまでは「知らない」ということも知らなかったはずです。その場に参加することで「知らないということを知っている（無知の知）」状態に到達しており、参加前の自分自身よりは確実に前進しているのです。

　さて、それではこの「知らないということを知っている」状態で参加した場合には、どのように行動することが学びの最大化につながるのでしょうか。私は「内面化に全集中」することをお勧めします。

図 4.3: 内面化に全集中

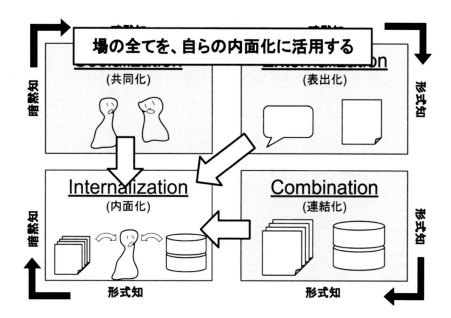

　チャットのワイワイガヤガヤ、誰かがまとめてくれたセッションの概要、まとめ記事。これら全てがインプット源になります。そしてもうひとつ大切なのが、自分自身でメモを取ること。耳慣れないキーワードについてもとりあえずメモに記載しておき、のちほど調査しましょう（運がよければ、チャットで誰かが解説してくれていることもあります）。

　メモの取り方についてはそれぞれ流儀があると思いますので、ご自身のやりやすい方法を採用するのがよいです。私からお勧めを挙げるとするならばObsidian[2]で自分のナレッジを管理する方法です。詳しくはこちらの記事[3]をご覧いただくとわかりやすいです。私のお気に入りはグラフビュー機能で、カンファレンス中で頻出したキーワード、自分が関心を持っている分野が可視化され、学びの方向性を明らかにするための心強いサポートになってくれます（なお、この図ではまだ類似キーワードをまとめるといった整理ができていないため、少し雑多なものになっていますがご了承ください）。

2.OBSIDIAN https://obsidian.md/

3.ナレッジ管理を Obsidian に移行してみた https://blog.mamansoft.net/2021/01/16/use-obsidian-so-that-manage-knowledge/

　カンファレンスには、さまざまな楽しみ方があります。目的も人それぞれでしょう。ですから、初学者であっても自身の学習よりも場の雰囲気を楽しむことを重視する、という姿勢も大いに歓迎されるでしょう。参加者同士のつながり、という得難い財産ともめぐり合うことでしょう。

　しかし、私のお勧めとしては「内面化に全集中」です。学びを深めることが自分自身のためになるのももちろんですが、深く学んでいるほうがより深く楽しめるのです。なので「この分野は素人だな」と感じ、また実際知らない単語が飛び交っているような現場については内面化に集中し、次回以降「ワイガヤ」の渦に飛び込んでゆくのがよいと、私は考えています。

4.1.3　ワイガヤで共同化の渦に飛び込め

　ある程度その分野について学んだ、コミュニティに馴染んでいる…。そういった段階であれば「ワイガヤ」、共同化の渦に飛び込むことをおすすめします。近年(2021 年 1 月現在)のオンラインカンファレンスでは、Zoom + Discord という形態がメジャーになっています。関係者が集まる Discord をあらかじめ設定しておき、講演は Zoom（または YouTube）で聞きながら、Discord でその内容にリアクションしたり、自分の個人的な気づきをつぶやいたり、はたまた単に盛り上げたりと、多様な楽しみ方ができるようになっています。

　疑問に思ったことを投げかけると誰かが即反応してくれたり、講演への解釈に周囲から賛同が得られたり。オンラインでの講演に熟達した講演者であれば、リアルタイムにコメントを拾ってくれることもあります。もはや講演というよりはヘビーメタルのライブに参加しているような一体感が、そこに立ち現れていきます。また、あなたが投げた疑問やその疑問への回答は、他の誰かが理解を深めるための役に立つことが少なからずあるので、積極的に発信していきましょう。

4.1.4　アウトプットして表出化

　カンファレンスで学んだ内容を咀嚼できたら、ぜひブログなど何らかの形で発信していきましょう。前述のObsidianなどをうまく活用しておくと、構造化されたナレッジとして記事化しやすいです。アウトプットは、表出化そのものです。

　ブログの書き方、まとめ方については他の執筆者がグレートな記事を書いてくれるはずなので、ここでは詳細には触れません。

4.1.5　インプットを連結化する

　他の参加者のブログは、自分と異なる目線で書かれているため、多様な視点を獲得するのに役立てることができます。また、他者のブログで得られた着想を自身のアウトプットへ還元してゆくことで連結化が進み、「カンファレンス参加者」という場単位で考えたときに学びのスパイラルが一歩前進したものになります。「人の意見にのっかって記事を書くなんて、なんか悪いな……」なんて思わず、どんどんのっかっていきましょう！

　もちろん、あたかも自分自身が思いついたかのように書き、引用元を明確にしない、といったことはやめましょう。それは場としてのナレッジ蓄積に寄与しないばかりか、せっかくナレッジを共有してくれる人の「共有しよう」という気持ちを損ねる行動になってしまいます。

4.2　キミだけのナレッジマネジメント方法を見つけて爆速で成長しちゃおう！

　カンファレンスでの学びを効果的にするための、私なりのノウハウを紹介しました。お読みになった方はお気づきかと思いますが、主に初学者がどう学ぶかという点に重点をおいて書きました。初学者の学ぶスピードが向上すると、もっとカンファレンスを楽しめるだろうなという想い。そして熟達した人たちなら放っておいても自分たちで学び方を編み出せるでしょう、という打算的な想いから、こういった構成にしました。

　ここに書いてある方法は、決して唯一無二の方法ではありません。また、ここを起点に学び始めたとして、学びを深める中できっと自分自身の学び方を見つけていくでしょう。それは私が実践している方法とは異なるでしょうし、そうであるべきだ、とも思います。自分自身と向き合い、カンファレンスという素敵な場での学びを最大化するべく、どんどん実験をしていっていただければ幸いです。

第5章　聴講中のインプットとアウトプット

　カンファレンス聴講中は聴講中はインプットとアウトプットが同時に行われます。聞くだけなのだからインプットだけじゃないの？と思われるかもしれませんが、Twitter実況などのその場でのアウトプット、あるいは後日の感想やブログなどのかたちでのアウトプットがあります。

　カンファレンスに参加することでたくさんのインプットを得られるのはある意味で当然ですが、アウトプットもそれと同じくらい重要です。むしろ意図的に行わないと、または習慣化されないとできないという意味では、アウトプットの方にも同じくらい注目することも必要かもしれません。もちろんアウトプットすることをプレッシャーに感じてしまい、足が遠のいたり、インプットに集中できなくなることは本末転倒ですし、残念ですから、まずはインプットに集中しましょう。

5.1　アウトプットするメリット

　インプットしながらアウトプットするメリットはいくつもあります。他の章にもさまざまなメリットが記載されていますので、そちらも参照いただくとして、多少重複すること理解しつつ、改めて整理しましょう。
　　・備忘録になる
　　・噛み砕き整理される
　　・質問や感想として登壇者に届く
　　・参加者、関係者の財産になる
　　・リアルタイムな熱量を伝える
　　・カンファレンスを盛り上げる
　上ふたつは自分にとってのメリット、中のふたつはセッション参加者全てにとってのメリット、最後のふたつはカンファレンス全体へのメリットです。

5.1.1　自分へのメリット

　Twitter実況などがわかりやすい例になりますが、自分が講演を「どう受け取った／理解した」のかをその場でアウトプットすることで、自分が得た知識を可視化することができます。これは後から見返すこともできますし、公開された資料だけではわからないような微妙なニュアンスや口頭だけで発言されたような内容も残すことができます。そして、そのツイートは単なる受け売りではなく、自分が一度噛み砕いた内容ですから、エッセンスの抽出や取捨選択など、自分にヒット／フックした内容です。ですから、単に「聞いた内容」ではなく、既に血肉となりうる内容です。講演を聞くだけでは目の前に美味しそうなご馳走が並んでいる状態ですが、アウトプットを行うことでそれは口／胃に届いた状態と考えることができます。これから消化され、あなたの体の一部に変わります。内容を「噛み砕く」というのは非常に的を射た表現です。美味しいものもそのまま飲み込ん

では消化不良になります。ちゃんと嚙みましょう。

また、後日参加ブログなどとしてまとめる時にも役に立つでしょう。ブログの貼り付け機能を使って一連のツイートを並べるだけでも参加ブログとなりますし、一番の肝になる（あるいはエモい）ツイートを貼りつつ、他は再度組み立て直すといった形でまとめると、さらに体系立てた整理ができることでしょう。Twitter実況というリアルタイムのアウトプットと、ブログなどの少しタイムラグのあるアウトプットを組み合わせることで、同じ内容を繰り返しインプットしつつ、アウトプットを増やすことができます。インプットの効果を何倍にもあげつつ、労力は単一のアウトプットの1.5倍くらいで、成果は2倍以上のアウトプットが得られることでしょう。

5.1.2　セッション参加者へのメリット

アウトプットを行うことで、質問や感想として運営や登壇者にリアルタイムに届くことがあります。たいていの場合セッションの最後に数分間の質疑応答タイムが確保されています。オフラインカンファレンスでは会場内から挙手し質疑応答が行われます。これに対しオンラインセッションでは、Twitterで流れる質問やコメントを司会者または登壇者本人がチェックして回答してくれることがあります。したがって、セッションの後半で質問をTweetしておくことで、直接質問することができます。リアルタイムで拾われなくても、後から直接回答してくれる場合もあります。大抵の登壇者は登壇後（あるいは登壇中に？）タイムラインを眺め、自分の登壇に言及しているTweetにいいねをつけて回ったりします。ここで質問を見つけたら、それに回答してくれる、あるいはお礼がくる可能性があります。

そして、こういった登壇者のやりとりは、そのセッションを見た人の共有財産になります。あなたが疑問に思ったことはきっと他の人も同じように疑問に思う内容です。それが登壇者に拾われ、回答があったとすれば、聴講者が共通して持つ疑問に対する回答となるのです。

あなたがコメントしなくても誰かがするからいいや、と思ってはもったいないです。想像以上にTwitter実況／コメントをする人は少ないです。数十人が聴いているはずのセッションでも、実況しているのは2〜3人なんてことはよくあります。ですので、せっかく実況をしているなら、気軽にコメントしましょう。他の人が同じような質問をしていても気にする必要はありません。同じような質問がくるということは、なおさら聴講者の共通する質問・疑問であるということ。また、うまく回答として拾われたら、それだけたくさんの人の目に触れるということ。講演自体も価値あるものですが、質疑でのコメント、補足などはとても価値があります。そしてそれは後日登壇資料が公開されたとしてもそこには出てきません。後日アーカイブ配信で見た人も見れるなど、大きな価値をもたらします。登壇者にとっても、疑問が生じるポイントがわかりますから、次の登壇へのブラッシュアップや補足といった形でポジティブなフィードバックとして活用することができます。

アウトプットの結果として疑問が拾われる、そしてその質疑応答は、セッション関係者全員にメリットをもたらします。

5.1.3　カンファレンスを盛り上げる

カンファレンス関係のTweetやブログが多いと、盛り上がっている感が出ます。盛り上がってい

る感が出ると、人が集まってきます。

　リアルタイムでは知らなかったカンファレンスでも、TLで盛り上がっていることを見かけて、またブログを見て、アーカイブ配信を見る、次回は参加してみる、といった形で参加者を増やす効果もあります。

5.2　アウトプットのかたち

アウトプットにはさまざまな形態があります。
・Twitter
・ブログ
・グラレコ
・参加レポートをミーティングで共有する
Twitterやブログについては他の章に詳細ややり方がありますのでここでは省略します。

5.2.1　グラレコ

　カンファレンス参加、聴講したセッションの記録を「イラスト」として記録する手法を、グラレコ（グラフィックレコーディング）といいます。例として、本章筆者が過去にとあるカンファレンスで登壇した時、あきこさん@akiko_pusuに描いていただいだグラレコ[1]を載せます

1.https://twitter.com/akiko_pusu/status/1096403963140726784

図5.1: デブサミに登壇したとき描いてもらったのグラレコ

　2019年2月開催のデブサミ（Developers Summit 2019)において、LTセッション[2]を1コマいただき、登壇した時のものです。

　セッションの内容や空気感までグラレコでまとめていただき、とても嬉しかったことを今でも覚えています。そして、それをきっかけに、今回アウトプットの一つの形として、グラレコについて書いていただけないかお願いするに至りました。**ことばや線でもいいんです！描いてシェアして伝えてみよう！**の章をぜひ読んでみてください。

　緊張している登壇者の雰囲気含めて素敵にまとめていただいています。自分の登壇をまとめたグラレコがあれば、著者は間違いなく喜びます。

　文字だけでも（イラストはなくても）手書きで内容をまとめるだけでも十分にグラレコと言えます。タブレットの手書きノート機能、あるいは紙に描いて写真としてアップロードするといった形でも良いでしょう。描いたものはぜひイベント・セッションのハッシュタグ付きで流してください。

　また、グラレコの大きなメリットの一つは、スライドのキーになるような図や説明をイラストの形で短時間でアウトプットできることです。先の図では、調査、執筆、構成のループについて（イラストの中央付近）を取り上げていただいていますが、これを例に取り上げましょう。ループが回る、という登壇者の主張があったとして、これを文字で書こうとするとなんとなくわかりづらくなって

2.Developers summit 2019 15-E-8 アウトプットのススメ　〜技術同人誌・LT登壇・Podcast〜 https://event.shoeisha.jp/devsumi/20190214/session/2007/ 2019年2月15日

しまいます。テキストとして記録しようと思った時、その三つのキーワードをどう並べるかといったところにストレスを感じてしまいます。テキストエディタでこのループを再現することを考えてみてください。なかなかしんどいですよね。私は、「アウトプットの帯域」と呼んでいますが、同じ情報量を記録するまでの速度や労力が手書きの方が圧倒的に大きくなります。

それ以外にも、配置や強弱を付けやすく、1次元的な情報である文字羅列に対し、二次元的、あるいは強弱を含めて三次元的に情報を整理することができる、素晴らしい方法だと考えます。

なお、イラストとしてまとめるにあたって、そこにはイラストそのものの上手い下手は関係ありません。図形と文字だけでも十分にグラレコです。さきほど例としてとても素敵なグラレコを載せましたが、グラレコのハードルをあげる意図はありません。

聴講に集中するために、制約の大きいPCの文字起こしではなく、手書き、あるいは手書きに感覚の近いタブレットでのグラレコをおすすめします。

5.2.2　参加レポートを社内・ミーティングで共有する

参加レポートを社内へ共有してみませんか？

Slackの雑談チャンネルなどで雑談のきっかけとして、あるいはチームミーティングで話してみませんか？カンファレンスの概要、規模やセッションの傾向、内容、あるいはあなたがインプレッションを得たセッション、みんなの役に立ちそうなセッションの情報、概要を共有します。

ブログでまとめた内容があればそれを流用することもできます。手っ取り早くやるなら、ブログのURL貼っても良いでしょう。コメントする時間があれば、どれだけ楽しかった、学びがあったかを熱く語っても良いでしょう。

有料のカンファレンスに参加費会社負担で参加した時はできるだけレポートを作りましょう。その費用負担は福利厚生かもしれませんが、さらにその知見を皆で共有することで、費用の何倍もの実利を得ることができるかもしれません。会社の雰囲気やさまざまな前提条件によってすぐ使えるモノばかりではないでしょうが、共有しておくことでいざという時に引っ張り出せたり、アレンジやカスタマイズして活用できるかもしれません。チームの誰かが、新しいテクニックのとっかかりとして活用できることもあるかもしれません。また、社内にフィードバックされ、それが効果を生むことがわかれば補助制度がより拡充されるかもしれません。逆に参加するだけ参加して（会社としておもてむき）何も得るものがなかったら、補助制度自体がなくなってしまうかもしれません。

あなたが共有を始めたら、後に続く人もいるでしょう。いつの間にかみんなが気軽に、でもさまざまなイベントについて網羅的に共有をするような風土ができるかもしれません。そうすれば、インプット先が数倍に増えます。自分が参加しなくても、他の人がカンファレンスの知見のエッセンスを持ってきてくれるのです。原典にあたることも重要ですが、他の人が噛み砕いたあとのものを美味しくいただくことも効果的でしょう。同じ会社、同じチームであれば思考も近くなり、共有されたカンファレンスで得た知識、テクニックの役に立つことも増えます。

5.3　アウトプットのデメリットはない

カンファレンスでインプットしたことをアプトプットすることにデメリットはありません。

時間が少しかかる？整理・アウトプットする手間がかかる？それは否定はできませんが、慣れれば手間と感じる部分はどんどん減っていきます。それでいて、自分にも、カンファレンス関係者にも、チームにも有益な点がたくさんあります。まずはTwitterから、アウトプットを始めてみませんか？

第6章　アウトプットしながらセッションを聴いたり雑談してみよう

　本章では、aki.mが実践しているアウトプットしながらセッションを聴く方法について書いています（参考記事:https://aki-m.hatenadiary.com/entry/2021/01/20/234544）。

　自分が尊敬しているオキザリスチームの皆さんやびばさんが毎回セッション後即座にアウトプットをしていて、この真似をしてみようと思ったのが、アウトプットしながらセッションを聴き始めたきっかけです。

6.1　アウトプットしながらセッションを聴くと起こるいいこと

　アウトプットしながらセッションを聴くと起こるいいことはたくさんありますが、いくつか例示しつつ説明します。

6.1.1　カンファレンスに貢献することができる

　自分が、アウトプットすることで感じる一番大きな「いいこと」がこれです。カンファレンスに参加すると、言葉にできないほどの勇気と多数の学びを得ることができます。そして、勇気と学びの源にはカンファレンスの参加者の方々がいます。

　アウトプットしながらセッションを聴き、セッション終了後にアウトプットを公開することで、カンファレンスの参加者の方々に恩返しをすることができます。

　アウトプットを公開することで恩返しできると自分が考えている理由は、以下の4点です。
・何らかをアウトプットすることで、カンファレンスの記録を残すことができる。
・カンファレンス参加者がカンファレンスを後からふりかえる助けになる
・カンファレンスの感想や感謝の気持ちをカンファレンス参加者に伝える（書く）ことができる
・カンファレンスに参加しなかった人にもカンファレンスの存在を認知してもらえる（次回にカンファレンスがあった時に参加したいと思ってもらえる）。

6.1.2　学びを深められる

　漠然とセッションを聴く形でも十分学びを深めることはできますが、アウトプットをしながらセッションを聴くことで、より学びを深めることができます。

　アウトプットしてみることで、セッションの内容を何となくでしか理解できていないことに気が付けたり、自分が引っかかっている部分、興味がある部分に気が付くことができます。また、アウトプットしたものを後日ふりかえりすることで、学びをさらに深めることができます。

6.1.3　カンファレンス後にカンファレンス参加者と話をしやすくなる

　アウトプットしたものがカンファレンス参加者に届くと、カンファレンス後に向こうから話しかけてもらえたり、反応をいただけることがあります。また、アウトプットがきっかけになって会話に自然と混ざることができたり、アウトプットしたものを会話の種にできたりします。

6.2　アウトプットするタイミング

　アウトプットするタイミングはいつでも良いのですが、なるべく早く（当日中に）アウトプットするメリットと、ゆっくり（後日に）アウトプットするメリットをそれぞれ紹介します。

6.2.1　なるべく早く（当日中に）アウトプットする

　早いタイミング（当日中）でアウトプットすると、カンファレンス・セッションの記憶が新鮮な状態でアウトプットすることになるので、内容を思い出すためにかかる時間が少なくて済みます。
　また、早いタイミングでアウトプットすることを事前に決めておくと、事前準備のモチベーション向上に繋がります。
　なお、個人的には、自分が感じたことに「加工」をしなくて済むというメリットも感じています。時間をかけてアウトプットしようすると、どうしても他の人に良く見せようと感情に加工をしたり、参加者の感想ブログなどに影響されて自分の本心とはずれた感想を書いてしまうリスクがあります。なるべく早くアウトプットすることで、このリスクを低減できます。
　※自身がやっている方法については、この後の「なるべく早く（当日中に）アウトプットする方法」の節で紹介します。

6.2.2　ゆっくり（後日に）アウトプットする

　ゆっくり（後日に）アウトプットすると、時間的制約がない分、自分が好きなタイミングで好きなだけの時間をかけてアウトプットをすることができます。
　また、セッションを聴き直したり他の参加者の感想ブログを参照することで、当日気が付かなかったことに気づけたり、他の参加者の感想ブログを引用＋自分の意見を追記、といったようにアウトプットの幅と深度が広がります。

6.3　なるべく早く（当日中に）アウトプットする方法

　自分がなるべく早くアウトプットするためにやっていることを書きます。

6.3.1　事前準備

　はじめに、カンファレンスになぜ参加するのかを言語化します。たとえば、どういうきっかけで参加したのか、どういう問題意識を自分が持っているのか…などを考えます。参加したきっかけを言語化することで、自分の問題意識や自分がカンファレンスで心が動きやすいポイントを認知しておくことができます。これは、カンファレンスの主催者や参加者が知りたい情報になることも多い

ので、アウトプットする媒体に事前に整理しておいて、そのまま公開することもできます。

　次に、カンファレンスを聴くにあたって必要そうな前提知識の収集をします。カンファレンスに参加するにあたって、ある程度の事前知識がないと、まともに感想を書くことができないので、必要最低限の知識をインプットしておきます。必要最低限の知識のインプットは、以下の条件を全て満たしたときに完了したと自分は判断しています。インプットすべき知識は膨大な量があることも多いので、自分なりに定義を決めておくといいかもしれません。

　・カンファレンスの概要が理解できること

　カンファレンスの登壇者が過去に登壇している場合、3登壇以上の資料を見て、スタイルが掴めていること。これは登壇者のプレゼンスタイルや考え方に慣れておく目的で行います。動画がある場合は動画も見ます。

　・アウトプットの構成を決めておく

　カンファレンスのタイムテーブルが決まっている場合は、タイムテーブルを参考にアウトプットの構成(目次)を事前に作っておきます。

　例えば、

　・10:00〜 keynote

　・13:00〜 セッションA

　・15:00〜 LT会

　といったタイムテーブルがあったとします。

> 10:00〜 keynote
> 13:00〜 セッションA
> 15:00〜 LT会

　このような構成（もくじ）をブログの下書きに作っておき、各セッションを聴きながら構成にしたがって感想を埋めていきます。

　上の例であれば、15:00時点では、以下のような状態になっています。

> 10:00〜 keynote
> 〜さんのkeynoteをまず最初に聴きました。セッションの内容では、〜という発言をされていた箇所が、個人的な〜という経験と重なっていたこともあって印象的でした。
> 13:00〜 セッションA
> お昼休みを挟んで、セッションAの講演を聴きました。登壇者の方が話していた〜という発言に対してはチャットが大盛り上がりで、共感の嵐でした。
> 15:00〜 LT会

　特にタイムテーブルがない場合は、自分でアウトプットのひな型を作ります。自分が使っているひな型と記載例を数パターン紹介しておきます。

　・Fun/Done/Learn

　・会に参加したきっかけ/会の概要/会の様子/会全体を通した感想

> A. Fun/Done/Learn

・Fun

〜さんの講演であった質問に対して皆が全然違う回答をしていたのが楽しかったです。

・Done

〜さんの講演で分からなかった点を、講演終了後に質問しました。

・Learn

〜という書籍の存在を知れたのが学びでした。

B. 会に参加したきっかけ/会の概要/会の様子/会全体を通した感想

・会に参加したきっかけ

〜さんがTwitter上で宣伝しているのを見かけて、自分が今やっている仕事と関連がありそうで興味が湧いたので参加することにしました。

・会の概要

〜をテーマとしたカンファレンスです。〜さんが最初に講演をした後、複数のワークショップやパネルディスカッションを挟み、最後は全員でふりかえりをする、という形式で進行していました。

・会の様子

参加者が多かったこともあり、ワークショップでは意見が活発に出ていたのが印象的でした。特に〜というテーマでは、用意されていたMiro(ホワイトボード)がいっぱいになるほど付箋が書き出され、〜や〜といった様々な意見が出ていたのが印象的でした。

・会全体を通した感想

自分自身もたくさん意見を発信したこともあり、心地よい疲れが残るイベントでした。他の参加者や登壇者から刺激をもらうことができたので、是非また参加したいです。

　ひな型に困った時は、びばさんが紹介しているふりかえりカタログ(https://hurikaeri.booth.pm/items/2656128)やふりかえりチートシート(https://hurikaeri.booth.pm/items/1711909)を参考にして作ると良いでしょう。様々なふりかえり手法やふりかえりの型が載っているので、これらを参考にすることで、簡単にひな型を作ることができます。

6.3.2　カンファレンス参加中

　カンファレンス参加中は、インプットをしながらアウトプットをしていきます。具体的には、以下の3点を実施しておきます。

・メモをアウトプットする媒体（ブログ）に書いていく

　事前にシミュレーションしていた内容と近ければ、ある程度既に書く内容は整理できているので、事前に決めていた型にすらすら埋めていくことができます。

　シミュレーションしていた内容とずれていた場合は、「〜だと思っていたのですが、〜で驚きました」という形で書いたり、シミュレーションしていた内容とGapがあった部分を、印象に残った部分として書いていきます。

・分からないことはエディタにメモを残しておく

　分からないことが出てきた場合、まずは文字起こしするつもりでひたすら手を動かして書いてみ

ます。それでも分からない場合、エディタに移しておき、カンファレンス終了後に調べます。5分調べたり整理して理解できない場合、その内容をアウトプットするのは諦めます。

・感情の動きがあったらメモを残しておく

感想に繋がりやすいので、メモとして残しておきます。人に見せるような形でメモを書くと時間がかかるので、「え、その考え方めちゃくちゃ素敵」「その発想でてくるの頭よすぎるなー」「すごいなー」など、素直な感情をそのままメモしておきます。

6.3.3　カンファレンス参加後

感情の動きをベースに、感想の部分を埋めていきます。何言っているか分からない部分や、口語になっている部分は改めますが、なるべく加工せずに書いていきます。

その後、簡単に見直ししてアウトプット（公開）します。

6.4　さいごに

カンファレンスに参加しながらアウトプットすると、自分のためにも他の人のためにもなるので、皆さん是非アウトプットしてみてください！

アウトプットしたいけど、どうアウトプットすればいいか分からない、本章に記載したことをやってみたけど難しい、という場合はお気兼ねなく本書の著者に相談ください。勿論自分（aki.m）も相談に乗ります！

第7章 ことばや線でもいいんです！描いてシェアして伝えてみよう！

7.1 はじめに

　こんにちは、たかのあきこ（@akiko_pusu）と申します。今回、ご縁あって寄稿の機会を頂戴いたしました。最近はIT系のイベントで、グラフィックレコーディングを使って様子を伝えてくださる方が増えましたね！わたしも絵が好きなので、SNSでカンファレンスやイベントの様子を目にすると、本当にワクワクします。

　今回は、カンファレンスを機にグラフィックレコーディングをどうして取り入れるようになったか、やってみてどう変わっていったか、そして、最終的にはアウトプットのひとつの形としてどんな考えを持つようになったかについてお話してみます。

　また、一番は「アウトプット」がテーマです。グラフィックレコーディングは、このお話のひとつの要素として登場しますが、本来の目的は「記録」です。さらに、何かを受け取って、その記録を伝えることが大事なので、一番重要なものは何かと言ったら、みなさんの「やってみよう！」という想いと、「やってみた！」というアクションです。

　まずはやってみることが一番。そして、絵の上手下手は関係ないということもお伝えできたら幸いです。

7.2 グラフィックレコーディングってなに？

　グラフィックレコーディングとは、文字どおり図で記録するという意味です。最近では、会議での議論の流れ、やり取りの内容を記録し、言葉だけでは伝わりにくい情報を共有するための技術として取り上げられることが増えていますね。この記事では、以下「グラレコ」と省略します。

7.2.1 グラレコの原体験

　実は最初のグラレコの原体験は、新入社員の頃に横浜で開催されたインターネット関連のイベントでした。「せっかくだからちょっと行っといで」と、上司から勧めてもらったのですが、学生時代に専門であったわけでもなく、たくさんの皆さんが参加されているものの知り合いが全くいない状態でした。

　案の定、会場でもポツンとしてしまい、セッションを聞くにもどれがいいのかもさっぱりわからず。平日業務を抜けての参加だったので、何かしら報告しないわけにもいきません。さて、困った……！

　そこで苦肉の案として絞り出したのが、スケッチブックに会場の様子や、登壇者の雰囲気、かろうじて覚えていた発表内容を書き出すことでした。テクニカルなことは全く覚えていなかったのですが、どんなカンファレンスルームで、どんなスタイルで発表が行われていたか、登壇者がどんな仕草をしていたか、どんなリフレッシュコーナーが設けられていたかなどは、なぜか良く覚えてい

たのです。また、会場の至る所でたくさんのエンジニアの方々がディスカッションしていたり、座り込んでノートPCに何かを打ち込んでいたりといった様子が見られ、そのあたりの状況も簡単なスケッチとして書き出しました。

こんな子ども騙しの、夏休みの絵日記みたいなものが果たして受け入れられるかはわかりませんでしたが、それ以外にどう表現するのが適切かは思い浮かびませんでした。おそるおそる、部署のメーリングリストに写真に撮ったスケッチを流したところ……。

部署の皆さんから、「ああ、この○○さん、そっくり！」「いやー、よく見てたね！」との意外な反応が。もともとテクニカルなレポートは期待されていなかったとは思うのですが、それでも恥ずかしさを忍んで出したアウトプットを受け入れてくれる部署の皆さんの優しさに、本当に救われた想いがしました。と同時に、必死でメモしておいたこと、観察しておいたこと、それをアウトプットしたことが誰かに楽しんでもらうことにつながるんだなという気づきがありました。

幸い、初回で大目に見て貰えたのかと思います。さすがにその後は、参加したカンファレンスの内容は、後から用語を調べたりまとめ直した上でレポートするようになりました。

7.2.2　お話に追いつくための工夫から

恥ずかしながら、上記はもう25年以上前のお話です。

当時もデジカメはありましたし、スライドで発表をするというスタイルが主流ではありましたが、スライドを共有するサービスはまだ無かった頃で、カンファレンスにはハンドアウト（印刷した資料）も配られることが多かった頃です。それでも、お話のハイライトを余白に書き込んだり、うっかり眠くなったら登壇者や周りの様子を資料の隅に落書きしてみたりという方法で聞いていました。

いつしかスマホが進化してカメラも非常に質が良くなると、カンファレンスではスライドが切り替わるたびにあちこちからシャッター音が聞かれるようになりました。個人的にシャッター音が苦手だったのと、スライドが後から公開されるスタイルがだんだんと増えてきたことで、お話を聞く側の姿勢として、まずは聞くことに集中しよう、スライドのハイライトが後からわかるように記録しておこう、と考えるようになりました。

ところで、スライドが公開されるかどうかは、運次第なところもあります。公開後は一部抜粋になることもあります。

生でお話を聞くということは、そういう楽しさを感じることができる貴重な機会です。必死にメモを取り、スライドの図を描き写したり、文章での記録が追いつかない時は記号や図で代用したり。ただし、これらはあくまでも「下書き」のためであり、下書きとしてのスケッチでした。

引き続き、その後は文章中心のブログやレポートとして公開することが多い状況でした。

7.2.3　生き残るため、コンプレックスを乗り越える

じつは、この「グラレコ」的アプローチ、わたしの長〜い社会人生活中、かなり後になるまで滅多に表に出してはいませんでした。

自分でも「余技」という捉え方で、どこかで「飯の種にはならないし、自慢できるものでもないし……」という考えでおさえつけていたところがありました。大人だから、きちんとした文章で説

明する、図も PowerPoint で綺麗に製図したようなものを添えることが仕事上一番大切、と思っていたからです。

また、手描きの図は、読みにくさや受け手の好き嫌いというものがあるのが否めません。そのため、「こんな図や絵で拒否反応が出る方がいるだろうな」という不安があり、ブレーキがかかっていました。

コンプレックスでもあった、グラレコ、図で伝えるという余技。

それが、転職を機に新しい世界に飛び込んだことをきっかけに、なんとか「理解したい・ズレをなくしたい・共有したい」という想いが大きくなり、いつのまにか手が動いてボードや紙に書き出すようになっていました。進化の早いこの世界で生き残るため、「わたしにできる方法はこれしかない！」という開き直りに似た、一歩だったのかもしれません。

でも、不安に思っていたのは実はわたし自身だけ。やってみると、案外受け入れてもらえるものでした。そこから先は、わたしの記録のためのツール、表現方法として素直に使えるようになってきました。

7.3　なぜやっているの？

なぜグラレコを取り入れているのかについて。簡単に言うと、このような理由からです。
・言葉で表現しにくい多くの情報を、一度に伝えることができる
・打ち合わせに主体的に参加していると実感できる
・何より自分が楽しい！
一番は、「楽しい！」ということに尽きます。この点について、もう少し理由を深掘りしてみます。

7.3.1　いつもやってるの？

さて、どんな場合でもグラレコをしているわけではありません。聞き取りながら、要約した図と文字で表現していくので、意外に体力・集中力が求められます。すでにグラレコを日々担当されている方は、純粋に凄い！と思います。わたしはグラレコやデザインが専門ではなく、日々のお仕事があるので、普段はグラレコは影を潜めています。

そんな中であえてグラレコを用いるのは、ざっくり分けて、このふたつの場合です。
・ひとつめは、「みんなの時間を大事にしたい！」と思った時
・ふたつめは、「見聞きしたことを伝えたい！」と思った時
ひとつめの「みんなの時間を大切にしたい！」と思った時。こちらは、わたしが会議の主催だったり積極的に関与する場合です。みなさん日々忙しい中で、時間を工面して集まっていただく時などが該当します。

ふたつめの、「見聞きしたことを伝えたい！」と思った時。こちらは、わたしが聞き手に回っている時に、感銘を受けたり、このお話はみんなに伝えたいな……と思ったタイミングで手が動きます。ですから、不定期・突発的になります。

簡単ではありますが、それぞれの状況で心がけていることをご紹介します。

7.3.2 みんなの時間を大切に！

　限られた時間で会議が活性化し、参加者みんなで成果を出せるように舵取りをすることをファシリテーションといいます。ファシリテーションでは、ホワイトボードや付箋をうまく使い、議論を可視化することが重要になります。特に図解しながら進めていくことを、ファシリテーション・グラフィックといったりします。（以下、「ファシグラ」と省略します）

　ただし、いきなり会議に臨んで、文脈を瞬時に理解して書き出す……ということは、わたしにはとてもできないので、「やる！」と決めた時には、それなりに作戦を立てます。

図7.1: ファシリテーションの場合

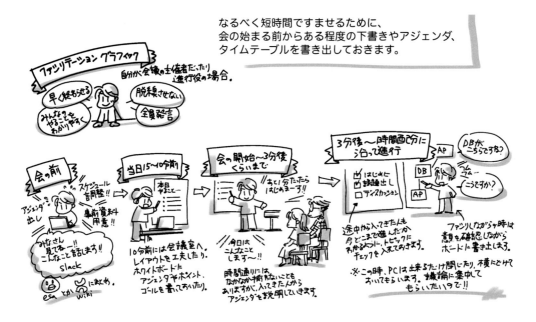

　うまく会議室が空いていることが条件ですが、予定時間の少し前から会議室を確保します。そして、開始前の15分は準備の時間にします。

　参加者のみなさんに実質参加いただくのは、30分から40分を目安とし、このくらいの時間内で完結できるようなボリュームに絞ります。また、この準備の段階で、アジェンダや時間配分、今回利用するデータや図をあらかじめ描いておきます。

　ディスプレイがあれば事前に共有しておいた資料も写しておきますが、ディスカッションに集中してもらいたい場合は、ディスプレイは脇によけて、みなさんにPCを閉じてもらい、ボードに向き合ってもらいます。ディスプレイで共有した画面を写して進行することは良い面もありますが、同時に「内職する」「議論に乗り遅れる」「発言が出てこない」可能性も高まります。

　それでは意味がないので、この時間はボードに集中してもらい、みなさんの時間を大切にすることを心がけています。その分、基本は時間を30分にするわけです。あとは、出てきた意見を確認しながら書き留めます。

　ファシリテーター役を兼ねる場合は、みなさんからの意見を引き出すことが大切なので、書き出

したことに問いかけをしたり、補足を促したりします。ちょっと余裕がある時には、みなさんにペンを取って書き込んでもらったりします。

　ちなみに、自然と全員立ち上がってボードの前に向き合ってくれたような時が、一番嬉しくなります！時には話題が脱線しそうになることがありますが、そんな時は、書き出した時間配分が役に立ちます。時間割をきちんと明示しておくことで、「宴もたけなわでございますが……」的に、軌道修正をしやすくなります。

　カンファレンスやイベントを記録する、という観点からはちょっと脱線しましたが、このファシグラのアプローチは、カンファレンスのスタッフになる、企画する時にも必ず役に立ちますので、ぜひ活用してみてください。

7.3.3　見聞きしたことを伝えたい

　さて、もうひとつ。セミナーやイベントでお話を聞いている時など、わたしが聞き手に回っている時に、感銘を受けたり、このお話はみんなに伝えたいな……と思った時に、自然と手が動きます。ですから、このパターンは不定期・突発的になります。ただし、お話に集中する方が先決なので、その場で「ライブでグラレコをする」ということはほとんどありません。

　先にも触れましたが、メモや簡単な記号でお話を記録しておき、あとから記憶とともに書き起こす、という作業が中心になります。

　「これは面白くて周りの皆さんに伝えたいな……」と強く感じていることは、描き起こす際に、いろいろと聞き取れなかったことや知らなかった単語を調べるため、思った以上に時間がかかります。ただし、結果としてわたしの「復習」や、関連する情報の「インプット」にも繋がります。

7.3.4　うまく描けないときはどうする？

　カンファレンスの内容によっては、記録するのが難しかったり、参加型であったり、記録が向いていない内容もあります。また、自分で理解できないことは図には起こせません。

　そういう時は素直に「ああ、これはまだまだ何もわかってない……勉強が足りない……」と自分に言い聞かせ、聞くこと、メモを取ることに集中します。

　その代わり、スピーカーの皆さんがプレゼンテーションで工夫されている点や会場・イベントとして素晴らしかったり好感が持てた点に焦点を当てて、グラレコ的に描きとめておくことがあります。グラレコというよりは、体験絵日記的な内容でしょうか。

　会場に参加されていない方には、雰囲気をお伝えするのは難しいかもしれませんが、同じ時間や場所を共有された方々の、思い出や振り返りにつながれば嬉しい、という気持ちもあります。発表や主催された皆さんの思い出になってくれたら、とても嬉しい。そう思って、様子も添えるようにしています。

イベントスタッフとして、裏方はどんな作業があるかをレポートすることも。

7.4 やってみたらこうなった

　生き残るために、かなり恥ずかしい気持ちで書き出してみたこと。意外にも、周りから良い意味でのツッコミやアドバイスが得やすくなったりしました。さらには、「すごい！」「わかりやすい！」という言葉すらいただいたり。「あれ、これはもしかして強み？」と思えた瞬間でした。

　かつて初転職後に悩みながらも描くことに取り組んだ職場では、気がつくと、現場の皆さんもホワイトボードに気にせずにどんどん書き出す、書き出したらすぐシェアするといったアプローチが増えてきていました。この経験から、新しい仲間にジョインしてもらい、まず全体を把握してもらうために、ボードを使って順に仕組みを説明していくのも特に有効だと考えるようになりました。

　ディスカッションを「記録していく」ということは、グラフィックレコードと言うよりは、一緒になって「自分たちの地図を描き出していく」という表現のほうが合っているかもしれませんね。

7.4.1 どこでもアウトプット

　社内や閉じられた会議でのグラレコ、ファシグラについては、SNSやブログに発信することとは違うと思われるかもしれません。でも、みなさんが各自書き留めたこと、あれこれとホワイトボードに書き出したこと、これは大事な記録です。

こうしてボードに可視化したことを写真に残しておくこと、特に描き出したそのままで残しておくことで、あとあと「どんな状態で」「どんな流れで」「どんな想いで」話が進んだか、ということを参加者みんなが思い出しやすくなります。特に、仕様決めのような、後々「言った」「言わない」が大事になってくるような時に、議論の内容だけでなく「やりとりを思い出すきっかけ」に繋がるものが記録に残っていることが、非常に大事だなと感じる時があります。

もしこうした取り組みをしているなら。ボードの写真一枚でも、発言のメモひとつでも、できれば職場、社内、スタッフ間で情報共有できる場所があるなら、アウトプットしてみてください。SlackでもWikiでもなんでもいいのです。

そのアウトプットが、参加した全員に、その時の感覚を呼び起こす重要な鍵になってくれます。また、参加できなかったメンバーにとっても、あとから情報をたどったり、当時の出来事を知る人が誰かを辿るための重要な鍵になります。

ひと昔前の、「書類が膨大に増えてしまうからそんなに記録を提出されても無理！」なんてことはありません。デジタルな世の中、どんどんアウトプットしておきましょう。どこにあるか忘れてしまっても、検索できればいいのです。いつ頃のものか覚えておけばいいのです。そうすることで、取り出すことができます。

アウトプットの効果のひとつとして、自分が忘れても大丈夫、という点があります。自分が忘れてしまっても、あるいは、引き出すためのキーワードすら忘れてしまっていても。

アウトプットが届いた先の誰かに覚えておいてもらえばいいのです。それも多ければ多いほど。例えて言うなら集団外部記憶装置とか、データーベースのクラスタリングのようなものかもしれません。

記録を再び記憶に結びつけるための、ひとつの戦略として使ってみてくださいね。

7.4.2　陥ってしまった罠

さて、ここまでは起承転結で言うと「起・承」にあたる内容です。

コンプレックスも克服し、だいぶ調子に乗っていた後、「内面」に転機を迎えた件について触れてみます。

わたしに限っての前提ではありますが、アウトプット後にいただく反応は、とても嬉しいものでした。イラストも交えてのアウトプットでしたので、わたしの画風のようなものに対する反応もあれば、描かれている内容に対しての反応、どちらもあるかと思います。描いたものをシェアする。見ていただいた方から反応をいただく。嬉しくて、また描いてみようという気持ちが湧いてくる。一時期そうした活動がとても楽しく、いろいろと書き留めては公開するといったことを行うようにしていました。一方で、あまり反応がない場合は、まだまだお話の素晴らしさを伝えるためのが足りないな……と思うこともしばしばでした。

そういうことを繰り返しているうちに、いつしかそれをわたし自身への関心、反応と錯覚するようになってしまい、「とにかく反応が欲しいから頑張って描く」というサイクルに陥ってしまうようになりました。

このサイクルに陥ると、「発信できそうなイベントは無いかしら」「参加できそうなセッションは

無いかしら」という視点で行動してしまいます。

　本当は、誰かにお願いされて取り組むというのは滅多になく、偶然にも楽しい時間を過ごさせてもらったことへの、自然な発露としてのアウトプットだったはず。あるいは、アウトプットとして、こういう表現方法があるということを知ってもらうことも目的だったはず……。それが、わたし自身への「承認要求」を満たすための「義務感」からのアウトプットになってしまっていました。

　無理にイベントに参加しようとすればするほど、わたしの時間、家族との時間は減ってしまいました。表現の仕方の問題もあると思いますが、わたしは長めのお話だと一枚絵にまとめるのがとても苦手で、字と絵を織り交ぜながらの記録だと、数枚に渡ってしまうことがあります。質を上げたいという想いから、仕上げにも時間もかかるようになりました。それが、かえって勢いや臨場感が薄れる結果にも繋がってしまいました。

　ある時、ふと疲れてしまった自分に気がついて、それ以降考え直しました。無理して描けるものではありません。登壇者の方々からエネルギーを貰って描くことに繋げていましたが、「じゃあ、わたし自身の物語は無いの？わたし自身の発表は無いの？」と自問すると、とりたてて無いことに気がついてしまったのです。

　お話をしてくれる方が凄いのであって、わたしはそこから切り取って伝えるだけ。それも、わたしのフィルタを通しているので、本当に登壇者、主催者の方の伝えたいことを伝えられているかどうか分からない。もしかしたら間違った伝え方をしているのかもしれない。これって、良いことなのだろうか。良いと思ったものを伝えたい気持ちはあるのだけれど、それが間違っていたり、曲解されるような伝え方をしてしまっていたら？

　そんなことを考えるうちに、手が止まってしまいました。

7.4.3　記録する、に立ち返る

　描く対象が無くなったのか？というと、そういうわけではありませんでした。グラレコやスケッチが、わたしの中で「記憶を助けるひとつの方法」であることは、転職後の生き残るためのもがきの中で、間違いなく実感したことでした。

　とくにインプットが大量に必要な時は、その時一度に覚え切るのは難しいので、あとから思い出すための手がかりとしてなにかしら五感、その時の感情とともに書き留めるようにしました。

　カンファレンス、イベントでのグラレコから少し距離を置いた時期は、ちょうど子どもが受験に取り組んでいる時期でもあり、親としても遊びまわっているわけにもいきません。なにか同じように勉強しないとな……と思い、Ruby の再学習や、freeCodeCamp というオンラインのプログラミングの学習コースに取り組むことにしました。

　お恥ずかしい話ですが、サーバサイドエンジニアとしても長い間働いてはいるのですが、知識が断片的で、その場しのぎでなんとかやってきた身です。年齢も 40 代半ば、なにか役職があるわけでも、お話ができるような経歴もありません。情シスとしての経験から、業務アプリケーションを中心に関わりがあり、内製や運用も担当していましたが、アルゴリズムやフレームワークに関しては知識が浅く、コーディングに関してはいわゆるコピペで凌いで来てしまったようなものなのです。

　ですが、いざカリキュラムや内容を眺めてみると、時代はもう HTML5。ブラウザも進化して、

JavaScriptとCSSでできることも大変増えている。25年以上も前に覚えたHTMLとは、かなり違っています。さまざまなデバイスに対応できるように意味をもったタグが提供されており、アクセシビリティを考慮したサイトを届けられるようになっています。サーバサイドで頑張らなくても、フロントでできることも非常に増えており、取り残された感を持ちました。

そこで、学習の記録、レコーディングする対象を「わたし自身」に向けることとしました。

そこには気負いはないので、わたしの分からないこと、理解できたこと、考える過程も雑に描き出していきました。思えば、小中学生の時からそういったやり方をしていたので、本質的には変わってなかったようです。

また、やってみると不思議なもので、その人自身の学習や経験をスケッチしたものをシェアする「スケッチノート」といったアウトプットの仕方もあることに気がつきました。グラレコというキーワードで考えると、何かしらの懐疑やイベントのレポートという印象のため機会が限定されがちですが、スケッチノートという観点から言うと、とても自由！

いろいろな分野のスケッチノートを眺めていると、丁寧さや図の精密さ、上手さは全く関係ありません。シンプルな円、三角、四角、矢印だけだって十分。グラレコ形式の記録でも、緻密な似顔絵が無くたって、手書きのノートだって、多少の誤字や脱字があっても十分。

何より、テーマの面白さや、書き留めている方が楽しんでいる様子が、線の勢いになって現れているのです。正直、「えー！こんなにシンプルなのに？」と思ったり、一抹の悔しさを感じることもありましたが、書き文字だけでさえインパクトや溢れ出る気持ちが伝わるのですから、脱帽でした。なんだかんだで、本当に、絵の上手下手ではないのです。

世界がもう一歩、広がった瞬間でした。

7.4.4 インプットからアウトプットへ

さて、インプットのために記録する、描く時期が続くと、不思議なものです。ずいぶん悩んだ「わたし自身の物語」を、何かしら紡いでみよう、話してみようと言う気持ちが湧いてきました。

小さなお話でも、誰かの琴線に触れるかもしれない。後押しにつながるかもしれない。そう思った時に、「自分の経験を話す」形でのアウトプットもやってみようと思えるようになりました。決して大きなイベントや内容ではなかったのですが、いくつかの発表の中で、資料の中に「描く」という武器を添えることに繋がりました。

一時期悩みましたが、インプットを増やす、自分に向き合うことで少しだけ乗り越えることができたように思います。そしてまた、発表する側の気持ちを経験したことで、「グラレコ」として自他問わずお話を記録することに、再び楽しさや意義を見出すことができたように思います。

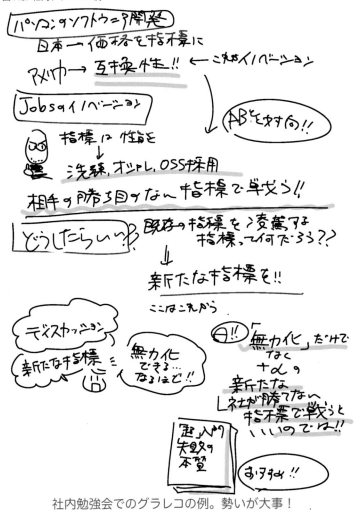

社内勉強会でのグラレコの例。勢いが大事！

今はベストエフォートで、これくらいの雰囲気で記録することが多くなっています。

7.5　改めて、アウトプットするということ

　自分の「推し」の技術やトピック、キャラクターについて、たくさんの方々が話題にしてくれるととても嬉しいですよね。また、カンファレンスの主催運営や登壇者の方々にとっても、レポートのブログを書いてくれたり、Twitter で呟いてもらえるのはとても嬉しい出来事です。それまで存在を知らなかった、情報が届いていなかった層に対し、偶然であっても「面白そうだな？」と興味を持ってもらえるきっかけにつながります。

　何気ない呟き、感想、感銘。そうしたものが、流れを作っていきます。関心を持ってもらえることで、間口が広がり、その分野の技術や多様性が高まります。だから、カンファレンスを主催運営する側も、登壇する方々も、自分たちのアウトプットを受け止めて、共鳴したり遠くへ届けてくれ

る参加者の方々のアウトプットが大好きなんだと思います。

　アウトプットの内容は、インプットからの自分の中から溢れ出る想いでも良いし、自分のための記録でも良い、イベントのレポートだって良い。もし皆さんが、これからアウトプットしてみようかな、と思われたら、まずは何か感じたこと、心を動かされたことを書き留めてみてください。どんなシンプルな言葉でも大丈夫。集中線と「ズギュゥゥゥゥゥゥン！」という書き文字だって大丈夫。そして、アウトプットしてみてください。今、その瞬間に、みんなが同じように思っている。その共感の大きさを感じることもできます。みなさんのひとことが触媒となって、異なる気持ちや考え方が引き出されるかもしれません。

　だから、ぜひつぶやいたり、粗いメモでもシェアしたり、アウトプットしてみてくださいね。

7.5.1　改めてのお礼

　最後にお礼をひとこと。

　このお話を書いている現在、いろいろあって、忙しい日々を過ごしています。他の方からすれば低いハードルかもしれませんが、私にとっては非常に高いバーを前に悪戦苦闘しているところです。失敗も多く、日々反省を記録している状況です。

　そんな中にあって、ふと今までの記録を眺めると、懐かしくもあり、また、さまざまな経験をシェアしてくださった方々のことを思い起こします。お話を伺って、感銘を受けて、描き留めた記録たち。登壇者の方々の背景には、もっともっと深いドラマや、ご苦労もあったはず。

　わたしの原動力は、こうした登壇者の方々のエピソードです。描いてきた記録を見るたびに、こんなことで凹んではいられないし、きっと道は開けるだろうと思えてきます。このお話も、2019年のとあるイベントで「アウトプットのススメ」をテーマにお話してくださった皆さんのことを思い出しながら、綴っています。[1]

　何の気なしにシェアしていたアウトプットではありますが、何年かして、グラレコに登場してくださった方々、お話をしてくださった方々に、思い出として振り返ってもらえたら何よりと思っています。

　改めて、素敵なお話をありがとうございました。

1.「Developers Summit 2019 15-E-8 「アウトプットのススメ」のグラレコです！」 https://daily-postit.hatenablog.com/entry/2019/02/28/234309

第8章　交流の仕方

　カンファレンスでは、他の参加者や登壇者との交流を深めることができると、楽しさがグッと増します。「えっ、交流するのってハードル高くないですか」と思うかも知れませんが大丈夫。交流の仕方をいくつか紹介しますので、きっと「私でもできそう」という交流の仕方が見つかるはずです。

8.1　聞き専

　参加者同士が交流している場を横で聞いている、というのが「聞き専」です。聞くだけで、自分から話はしなくて大丈夫です。オンラインのカンファレンスであれば、DiscordのボイスチャンネルやZoomのブレイクアウトルームなどに参加すれば、誰でも「聞き専」になることができます。

　Discordのボイスチャンネルであれば、誰と誰が喋っているのかがアイコンで分かりますので、話を聞きたいところに参加するだけです。聞き専の人がいたとしても、話している人、参加者も「なんだこいつ」と思うことはありませんので、ご安心ください。聞いているだけだということに心理的な抵抗を感じてしまうのであれば、入った後に「聞き専です」「聞かせてください」とチャットで打ち込みましょう。きっと、優しく迎え入れてくれるはずです。

　少しハードルが高いのがZoomのブレイクアウトルームのような「誰が喋っているのかわからない」場に入り込むことです。自分から話すのが苦手な人は、「もしかしたら入ったら1対1になってしまわないか？」という不安を感じてしまうものです。少しの勇気を振り絞って、そのチャンネルに飛び込んでみましょう。その場ですでに会話が進んでいるのであれば安心です。「聞き専」である旨をチャットで伝えれば、さらに安心感は増すでしょう。

　もしその場が1対1になってしまったのであれば、すぐに抜けてしまっても大丈夫です。気軽に入れて、気軽に抜けられることがオンラインの利点ですし、すぐに抜けられたとしても、抜けられた側は不快な気持ちを感じたりはしません。そういう場に一人で待っている人は、誰かと話したい、場を作りたいという人ですので、聞き専側の不安も知っています。

　聞き専にも慣れてきて、場の雰囲気が分かってきたら、テキストチャットで会話に参加してみるのも楽しいですよ。

8.2　テキストチャットで会話に参加

　テキストチャットで流れてきている内容を見ながら、自分もチャットに参加してみましょう。テキストチャットも気軽に捉えてください。誰かと会話をしなければいけないというルールもありませんので、思ったことを書いていくだけです。誰かのチャットに絵文字やスタンプで反応していくだけでも、場に参加している感覚が芽生えて楽しく感じられるはずです。

　もう一歩踏み出すのであれば、ボイスチャンネルで流れている会話への反応を、「言葉」ではなく

「テキスト」でチャットするのも良いでしょう。ボイスチャンネルで会話をしている人たちがテキストを拾い上げて、反応してくれますので、会話に混じることが可能です。

　テキストに書く内容は、本当に何でも大丈夫です。セッション中であれば「わいわい」「がやがや」「８８８８８（パチパチ／拍手の意味）」だけでも十分ですし、感想を呟いていくだけでも良いでしょう。「いいことを書かなければならない」という気持ちは捨てて、思ったことを率直に書いてみれば良いのです。思ったことを書いている人はいっぱいいますから、いいことを書こうとしなくても大丈夫です。それも含めて、全員がカンファレンスを構成しているのです。ただし、下ネタや他の人を害するような内容は当然ながらNGです。

　セッション中や、テキストチャット内に登壇者がいるなら、質問をしてみるのもよいでしょう。内容は簡単なものでも構いません。セッションの最後の質問タイムに拾って回答がもらえる可能性があります。あなたが疑問に思ったことは他の聴講者も同じように疑問に思った可能性が高いところです。それが拾われることで、すべての参加者に質問とその回答が共有されます。質問と回答はセッション参加者の財産です。

　とはいえ、ハードル高く感じることはありません。登壇者または司会者がチェックした上で拾われますので、同じような質問がいくつもあればイイ感じにまとめて拾ってくれるでしょう。焦ってちょっと打ち間違い等があったとしても意図を汲んで質問として拾ってくれます。ちょっと的外れだったとしたらスルーされるでしょう。どうあっても誰も困りませんし、決してマイナスにはなりません。

8.3　ボイスチャットで会話に参加

　今度は、ボイスチャットで会話に参加してみましょう。無理して顔を映す必要はありません。少しハードルが上がりますか？いえいえ、一見ハードル高そうですが、暖かく迎えてくれます。

　会話に混じりたいのであれば、ボイスチャットに入ったときに「こんにちは」「こんばんは」と一声かけてみましょう。そうすると、その場にいた参加者たちは「この人は会話を振っても大丈夫かな」と思い始めます。会話を振ってくれる機会を作りやすくなりますので、そこで会話に混じっていけば良いのです。なお、他の人が顔を映している場合は、自分も顔を映せば、より会話に混じりやすくなります。ボイスチャットのチャンネルだとしても、聞き専もOKです。

　自分から話を振ろう、としたときに話題に困ってしまう場合でも、カンファレンスならではの**魔法の言葉**があります。「どのセッションが良かったですか」「このセッションのどこが良かったですか」です。セッションという共通の話題を持てるのがカンファレンスの良いところです。これらの話題を皮切りに、そのセッションの話で盛り上がったり、「次のセッションは何を見たいですか」と話題を作っていく事ができます。

　この場で会話した人同士は、もう顔見知りです。一度会話してしまえば、次回以降も「この人見たことある」「この人話したことある」という判断軸で話しかけに行きやすくなりますよね。こうして、知り合いを増やしていけば、「どのチャンネルにも知り合いが一人はいる」状態を作り出せます。そうなれば、会話へ混ざるハードルがどんどん下がっていきます。

8.4 現地で会話に参加

Face to Faceの会話ですから、ややハードルが高いと感じるかもしれません。そんなことはありませんのでご安心を。

基本は「ボイスチャットで会話に参加」と変わりません。オフラインでの会話は、お互いの表情が見えますし、会話のきっかけなどが見えます。みんなが黙ってしまった瞬間や同時に複数人が発言しようとしてお見合い/譲り合って話が進まない、なんてことがオンラインよりも生じづらいため、快適とすらいえるかもしれません。

セッションの合間や、セッションの時間中などに、廊下やホールで話している人たちを見かけたら、会話に混じってみましょう。2人で話しているところにいきなり会話に混じるのは難しいため、3人以上いるところに「こんにちはー何話してるんですか？」と聞いて入ってみると良いでしょう。勇気を出してその輪の中に入ってしまえば、会話を聞いているだけでも問題ありません。

オンラインなどで知り合いがいるのであれば、知り合いの顔を見かけたら「Twitterの○○さんですか？」「オンラインで繋がってた○○です」のように声をかければ大丈夫です。

無理にその場で話を広げずとも、「ボイスチャットで会話に参加」で説明した**魔法の言葉**を使えば、次会話するためのきっかけはできるはずです。一度現地で顔見知りになってしまえば、知り合いが混じって会話している輪の中に入り込む心理的ハードルは下がります。

こうして知り合いが増えてくれば、相手から話かけてくれる、話を振ってくれることも増えてきます。そうなると、カンファレンスに参加する目的が「セッションを聞く」だけでなく、「他の人と会話する」ことにもなってきます。

8.4.1 登壇者に絡んでみる

登壇者って、「雲の上にいる人」のように見えて、はじめは話しかけるのにも勇気がいりますよね。「質問をしないといけないのかな」「何か怖い返答をもらったらどうしよう」と考えてしまうかもしれません。大丈夫です。登壇者の人たちこそ、フレンドリーで優しい方が多いのです。自分の話を聞いてほしいと思って登壇しているのですから、勇気を出して話しかけてくれた人をないがしろにすることはありません。

話しかけるときにも、高尚な質問などを考える必要はありません。「先ほどの発表で、○○が良かったです！」といった感想を伝えるだけでも、登壇者はとても喜びます。感想を伝えると、「そうそう、実は○○はね……」と話を広げたり、裏話をしてくれるような人もたくさんいます。もちろん、質問を持っていくとさらに喜ばれます。また、自分の抱えている悩みをぶつけても良いでしょう。きっと、一緒の立場になって考えてくれるはずです。

登壇者の講演内容を誤解した質問をしてしまったらどう思われるか…というような気おくれを持つ人もいるかもしれません。それも気にする必要はありません。登壇者の意図と違ってとらえたような質問をしても、意図が伝わらなかったことを踏まえつつ、優しく解説してくれるでしょう。登壇者は参加者を論破して悦に入るような意図はないはずです。

登壇者も一参加者と同じ「人」です。登壇者だって、参加者と話しかけるのに勇気が必要な人だってたくさんいます。あなたが一歩踏み出せれば、きっと実りのある会話ができることでしょう。

登壇後の登壇者に絡んでみるのが難しいときなどは、名刺交換をお願いする手もありますね。社会人であれば名刺交換は一種のテンプレートですので話しかけるのが苦手な人でも、ある程度定形に沿って話がスタートできますし、名刺交換する事でかんたんな自己紹介から話を始める事もできます。名刺交換はアイスブレイクにちょうど良いのです。また、自分の会社の名刺を使いにくい人は、カンファレンス用名刺などを作って持参している人もいますね。

8.4.2　会話のためにカンファレンスに行く

現地での会話に慣れてくると、いくつかの定形の会話文が使いこなせるようになり、「会話のためにカンファレンスに行く」のが楽しくなってきます。多少語弊はありますが、セッションを聞くよりも、会話が目的となるのです。

昨今のカンファレンスでは、セッションのスライドや動画は後日公開されます。その場でないとできないのは「会話」なのです。

登壇者の人たちに直接セッションでどんな話をしたのか聞きにいったり、参加者同士で情報を交換したり、悩みを共有したり、その「場」に参加しているからこそできることがたくさんあります。是非、自分のできる交流の幅を少しずつ広げて、カンファレンスを楽しんでいきましょう。

8.4.3　登壇者になって話しかけてもらう

自分から話を振る、声をかけるのはどうしてもハードル高いなー、と思われた方にむけて、確実に話しかけてもらえる一つ方法があります。それは、**登壇者になること**。登壇者になれば、会話のきっかけは相手から持ってきてくれます。自分から話題を振らなきゃ、といった気遣いは必要なくなります。質問があります、といった形で明確にネタをもってきてくれますから、それにこたえるだけで会話が弾みますよ。

登壇なんて自分には無理！なんて思いこみはポイです。たいていのことは登壇ネタになります。カンファレンスはCfPを出さないといけないなどのハードルは確かにありますが、LT会であれば登壇の敷居は下がるでしょう。まずはLT会で登壇してみて、この「登壇者になって話しかけてもらう」の効果を試してみてください。

8.5　Twitterやブログで流す

Twitterやブログに書くことだって、十分に交流たりえます。登壇者はたいてい自分のセッションがどうだったかを知りたくて、エゴサをやっています。そして、自分の発表に言及しているエントリーを見つければ、いいねを押したり、Retweetしたりするするものです。

ということは、感想を流したり、コメントつけて実況したりすることで、登壇者に質問を投げかけることにもなります。また発表の要点を実況のようにTweetすることもできます。リアルタイムの交流とは言えませんが、著者、参加者が反応してくれればしめたものです。セッション中の質問と同じく、あなたの疑問はみんなの疑問。それがうまく拾われれば共有財産になります。

Twitterではたった140文字ですが、立派な交流ですし、非同期で交流ができるという意味では重要なツールです。

ブログも同様です。学んだこと、感じたこと、感想、なんでもよいので記録するとよいでしょう。最初はハードル高く感じたり、面倒と思ってしまったりするかもしれませんが、何度かやると慣れてくるでしょう。

なお、カンファレンス／勉強会のハッシュタグをつけると捕捉されやすくなりますので、つけるのをお忘れなきように…

8.6　それでも交流は難しいなって人のために

この本の著者たちをオンライン、オフラインで見かけたら、「この本を読みました」と声をかけてください。一緒にカンファレンスを楽しめるよう、色んな所に連れていってもらえるでしょう。

8.7　すべての参加者へのお願い

大前提として、他の人を傷つけるようなコミュニケーションは避けてください。参加者（登壇者、聴講者、スタッフなど、関係者全員）のプライバシーにかかわること、容姿や性別に関する内容などには十分に注意してください。また、参加者の希望しないリクルーティングやスカウティングなども該当します。あなたがそういう行為を行わないことはもちろん、万一当事者になったときなどは、スタッフに相談するなどの毅然とした対応をお願いします。

大多数の方、大多数の懇親会やトークは平和に開催されていることは承知しています。しかし、一部にはこのような、あるいはその他の困ったことが生じる場合があることも聞きます。

嫌な思いをしたことを（場の空気を乱さないため、などと考えて）自分の中に飲み込んでしまう必要はありません。同じような嫌な思いをする人を出さないため、みんなが次のカンファレンスに楽しく参加することができるよう、周囲の人に助けを求める、スタッフに相談するなどの対応をお願いします。

一度、これから参加するイベントの公式ページを確認してみてください。「行動規範」が掲載されているならば、それをよく読んでください。もし行動規範がないなら、他のイベントのものでも構いません。行動規範の例として、「エンジニアの登壇を応援する会」の行動規範を示します。

エンジニアの登壇を応援する会　行動規範　https://portal.engineers-lt.info/guideline

ここに書いてある内容は、きわめて当たり前のことです。もちろん、行動規範があるからといってすべてのハラスメントやその他の事象が絶対に起こらないといったものではありませんし、行動規範がないからといって何をやってもいいものではありません。しかし、どういった行為がハラスメントなどにあたる可能性があるのか、であるならば注意しよう、見かけたら助け船を出そう、といった判断基準にはなるでしょう。すべての参加者の共通意志があることで、あなたのカンファレンス参加はより素敵なものになっていくでしょう。

第9章　懇親会を全力で楽しもう

オンライン・オフライン両方で開催される懇親会。初めてのカンファレンスや、知り合いがいないカンファレンスでは、懇親会をどうやって楽しめばいいのか難しく感じてしまいますよね。

今からでも始められる、懇親会の楽しみ方はいっぱいあります。そんな懇親会の楽しみ方を紹介します。「交流の仕方」の章でも楽しみ方が紹介されていますので、そちらも参考にしてみてくださいね。

9.1　どこへ行く?

懇親会でどういう場所にいるのが良いかという観点でのケーススタディです。

9.1.1　知り合いがいる場所に行く

困ったら知り合いがいる場所を探してみましょう。オンラインであれば、どこに誰がいるのかはアイコンで分かる場合もありますので、知り合いが入っているボイスチャンネルに入ってみましょう。

オフラインの場合は、飲み物や食べ物を片手に、会場をうろついて、知り合いがいる場所を探してみましょう。知り合いが誰かと話していても大丈夫。「こんばんはー」「何を話しているんですか?」という風に一声かけて、輪の中に入ってみましょう。

9.1.2　誰も知らない人がいる場に飛び込む

知り合いがいない場合は、知らない人の輪の中に飛び込んでいかなければなりません。でも、大丈夫。そんなに恐れることはありません。

オンラインの場合は、ボイスチャットやテキストチャットに潜り込んで、「聞き専」から始めればいいのです。しばらく聞いていて話題についていけるようになったら、会話を聞きながら、感想を言ってみたり、絵文字やスタンプを送ってみたり、徐々に参加していけばいいのです。

オフラインの場合は、2〜3人で話している輪の中に「穴」が開いていれば、そこに入ってみましょう。「こんばんはー」「何を話しているんですか?」という言葉から始めれば、きっと会話に混じれます。自分で喋るのが苦手であれば、一度輪の中に入って話を聞いているだけでも十分です。「この人喋らないなぁ」と言う風に思われることに不安を感じてしまうかもしれませんが、そんなことはありません。安心してください。

もう少し勇気を出して、一人で立っている人に話しかけにいってみるのも良いでしょう。その人は、あなたと同じく、知り合いがいなくて困っている人です。誰かと喋りたい・話を聞きたいと思っているからこそ、懇親会に来ているのです。「こんばんは、はじめまして」「今日のセッションはどうでしたか?」「人の輪に入るのって難しいですよね」といった話から始めれば、きっと知り合いになれるはずです。

9.1.3　人の輪を広げる（パックマンルール）

　オフラインの懇親会で話の中に参加できたら、他の人も参加しやすいように「輪」を作りましょう。

　パックマンルールというのですが、パックマンのように円の一部が欠けた状態を作り出します。外から人が一人入ってきやすいように、スペースを空けておくことで、その場にふらっと立ち寄った人が入ってきたり、入りたそうにしている人に声をかけて入ってきてもらったり、と徐々に人の輪を広げていくことができます。

9.1.4　他の場所に移動する

　一度話を聞き始めたり、話し始めてしまうと、その話の輪から抜けるのがなんとなく心苦しく感じてしまうことはありませんか？実は気にしているのはあなた一人だけで、その輪で話している人たちは気にしていません。「話題を変えたいな」「場所を変えたいな」と思ったら、気軽に変えて大丈夫です。

　オンラインの懇親会であれば、ボイスチャンネルやテキストチャンネルを変更するだけです。何も言わなくてもOKですし、「他、聞いてきます」と一声かけるとより丁寧です。実際には無言で部屋を変えていく人がほとんどですので、気にせず色んな場所に行ってみましょう。

　オフラインの懇親会では、飲み物や食べ物がなくなったタイミングや、トイレに行くタイミングが場所の切り替え時です。「飲み物取ってきますね。また！」という風にさらっとその場を離れれば大丈夫です。懇親会の出会いも一期一会ですので、色々な人と積極的に関わってみましょう。勇気を出せる人は、「他の人とも話してみたいので、他行ってきますね。ありがとうございました！」と一声かけてもよいでしょう。

9.2　誰と話す？

9.2.1　参加者と話す

　懇親会がスタートすると、テーブルを囲んでいくつかのグループができます。近くのグループにとりあえず入ってみましょう。簡単な自己紹介を考えておくとスムーズですが、無理して話をする必要はありません。聞いているだけでも十分楽しいですよ。

　カンファレンスのテーマで集まってきている人たちなので、属性や興味は近いものがあるでしょう。開発者向けのカンファレンスならば、開発者が集まっています。属性が共通ということは、共通言語があるということ。輪に入っても何の話をしているのかさっぱりわからない、といったことは少ないでしょう。話題も、仕事の話、趣味の話などを取り上げることができます。しばらく聞いてて、興味がある話題になったらそれに加わる（口をはさむ）という形でも何ら問題ありません。

9.2.2　登壇者と話す

　カンファレンスの懇親会の醍醐味のひとつは、登壇者の話をより深く聞けることです。セッションの中で語られる内容は、多くの人に刺さるように汎化された内容であったり、登壇者が伝えたい部分の大筋だけで、細かな内容が語られていないことがあります。そして、その内容は登壇者の皆

も機会があれば誰かに伝えたいと思っていますし、その機会の一つが懇親会です。

　もし、その登壇者のセッションに参加していたのなら、セッションの感想や心に残ったことを伝えてみましょう。登壇者はそのフィードバックをいつでも待っています。これは、オンライン・オフラインに限らず、文字・言葉どちらで伝えられても、とても嬉しく感じるものです。また、もっと詳しく聞きたい部分があれば、「○○についてもっと詳しく知りたいです」「○○ってどういうことですか？理解できなくて…」と伝えてみましょう。裏話も含めて、セッションだけでは語られなかったディープな内容を知ることができるでしょう。

　もし、その登壇者のセッションには参加できていなかったとしても、大丈夫です。「セッションには出られなかったんですが、内容を聞きたいです」と伝えれば、ポイントを絞って教えてくれるはずです。

9.2.3　運営の人と話す

　懇親会で親身になって話してくれる人が、運営の人です。運営の人は、懇親会を盛り上げたいと考えています。参加者が寂しい想いをしていないか、溢れている人はいないか、困っている人はいないか、気を配ってくれています。話しかけにいけば、一緒に盛り上がれること間違いなしです。

　オンラインの懇親会であれば、セッションの司会をやっていた人や、カンファレンスの説明をしていた人達を見つけて、彼らのいるチャンネルへと話しかけにいってみましょう。「聞き専」でももちろん構いませんし、セッションの話やカンファレンスに参加してみた感想を伝えれば、そこから話題が広がっていくはずです。

　オフラインの懇親会の場合は、運営のTシャツやパーカーを着ている人を探してみましょう。大規模なイベントであれば、登壇者・運営に共通の服を着ていることがありますので、見ればすぐに「この人は登壇者／運営だ」ということが分かります。登壇者にせよ、運営にせよ、どちらもあなたのことを歓迎してくれます。恐れずに、声をかけてみましょう。「懇親会にどう参加すればいいのかわからなくて」という話をしてみるのも良いですよ。

　ただ、懇親会の開始前後、あるいは終了間際はいろいろ仕事がある場合があるので、その点だけはご注意を。

9.2.4　みんなでふりかえりする

　参加者同士でセッションの意見を交換するのも、懇親会の楽しい点です。同じセッションに参加している人がいたら、そのセッションのどこが心に残ったか、どこが良く分からなかったか、などを話し合ってみましょう。参加者によって普段の仕事や環境が異なるため、セッションに対しての理解の仕方・捉え方も変わります。その違いを共有して、自分の理解を深めていけます。

　同じセッションに参加していなかったとしても、セッションの情報を交換するのは有意義な活動です。セッションの概要を自分なりに話してみたり、ポイントだと思う点を伝えてみたりすれば、自分自身のふりかえりになるだけでなく、他の参加者へ知識を伝播させられます。逆もしかりです。

　カンファレンスによっては、オンラインでMiroやMuralなどの付箋ツールを使って公式のふりかえりをしているものもありますし、オフラインで現地にふりかえり用のボードが用意されているも

のもあります。

　自分でもふりかえりを付箋に書いてみて、ふりかえりボードを見ながら雑談するのも、楽しく・実りの多い会話ができるでしょう。

9.3　楽しめるのは人が集まっている所？あまりいない所？

　懇親会では、人が多く集まっている場所と、人が少ない場所とで違う大きさの輪がいくつも形成されています。どちらも良い点がありますので、好きな方に飛び込んでみましょう。

9.3.1　人が集まっている所

　著名な登壇者や参加者の周りに形成されやすい輪です。このような場では、参加者数名（2~4名程度）が会話の中心になって、残りの人たちは周りで聞いている、という構図が生まれやすくなります。

　大きな輪には途中から参加するのも気軽にできますし、輪の中心となっている人物の話を聞きたい場合にはとても良いでしょう。また、自分から話題を提供する必要もなく、聞き専でも十分に楽しむことができる場所です。

　悩みを相談したい、話したいという人にとっては、その輪の中で発言するには勇気が必要です。ただ、その勇気を振り絞れたのであれば、周りにいる人たちみんなが味方になって助けてくれます。

9.3.2　人があまりいない所

　人が少なければ少ないほど、込み入った話がしやすくなります。ふらっと歩いている（オンラインで一人でいる）登壇者を見つけて捕まえて1対1で話したり、参加者同士でセッションや仕事に関する深い話をしたり、と濃密な時間を過ごせるでしょう。

　オンラインの場では、少人数で話をしていると、徐々に人が集まり始めます。その話の中心になるのは、最初から話をしていたあなたともう一人になりやすいです。その場合には他の人から意見を募ることもしやすくなりますし、その場で悩みを打ち明けて色々と話をアドバイスをもらう、ということも可能です。

9.3.3　本番は深夜から？？

　オンラインの場合は、本番は深夜から始まることがあります。懇親会としての枠が設定されている21:00ごろまではあくまでネットワーキングの様相を呈しており、そこから先は濃厚な会話が繰り広げられます。アジャイル系のコミュニティ・カンファレンスでは、23時ごろから議論が白熱し始め、3時頃まで話し続けていた、というのをよく見かけるほどです。

　登壇者のこだわりやオタクトーク、セッションの再演、参加者同士の熱いディスカッションなど、人数が少なくなるからこそ議論が過熱していきます。そんな中にでも、「聞き専」として残っているだけでも楽しく時間が過ごせますし、自分が会話の中に混じっていけば、他の人達に自分の名前を憶えてもらえます。懇親会の中で名前を覚えてもらうと、翌日以降または次回のカンファレンスで、今回繋がった人同士で会話を始めやすくなります。夜更かしはほどほどに、深夜もオンライン

のチャンネルを覗いてみてはいかがでしょうか。

9.4　懇親会で大切にしていること

　懇親会を楽しむために、少しだけ留意するとよいことがあります。セクハラ、パワハラなどは当然NGですが、ちょっと気を付けるだけでみんなの居心地がよくなることが多いので、頭の片隅に置いておくとよいでしょう。すべての参加者にとって居心地がよく、学びの多いカンファレンス・懇親会にしたいものです。

　話題として、あまりにもネガティブな内容は避ける、守秘義務に触れるような内容は避ける、といったところに留意しておくのもちょっとしたポイントです。みんなで共有できるような悩み、困ったことは盛り上がりやすいトピックスです。今困っていることを話すのはよいですが、前向きな方向に持っていきたいですね。

第10章　後日の楽しみ方

　カンファレンスが終了しても、終わりではありません。

　終了してから楽しめる方法もあります。本章では、そういった「後日の楽しみ方」について取り上げます。

　例えば次のような楽しみ方があります。

・アーカイブ視聴でもう一度インプットする
　　―止めたり、見返したりで活用する
　　―繰り返し同じセッションを聴く
・ふりかえり上演会
　　―みんなで見て、話し合う
・得たものをアウトプットする
　　―togetterを見る・まとめる
　　―セッションで出てきた参考資料の整理
　　―まとめブログ・ふりかえりブログを書く
　　―カンファレンスの体験を会社で共有する
・コミュニティ参加
　　―Discordサーバは永遠に……
　　―セッション間の繋がりを楽しむ
　　―登壇者・運営の人から裏話を聞く

それぞれ少し詳細に取り上げましょう。

10.1　もう一度インプットする

　同じ内容をもう一度インプットすることで、理解が深まったり、新たな気づきを得ることができます。

10.1.1　アーカイブ視聴する

　オンラインカンファレンスでは、YouTubeなどにセッションのアーカイブが配信されることがあります。リアルタイムで視聴できなかったセッションを視聴する、あるいはリアルタイムで視聴したセッションでも再度見直すことができます。

　並列セッションのあるカンファレンスではどうしても全セッションを見ることはできません。一番興味あるセッションをリアルタイムで、それ以外を後日のアーカイブで視聴することで可能なセッションをすべてカバーすることができます。

　そして、倍速再生や、一時停止、少し戻してもう一度見るなどが可能ですから、自分の理解度が

納得いくまで繰り返し見て理解を深めましょう。

また、全体を通して繰り返し見ることで、新たな気づきがあったり、より理解が深まることもあるでしょう。半年後、1年後見てみると、自分の経験に基づく新たな気づきがあるかもしれません。

10.1.2　ふりかえり上映会

同時に複数の人で見て感想や気づいたことを話し合う、ふりかえり上演会という楽しみ方もあります。

やり方としては、Zoomなどの会議室を立ち上げ、参加者を繋げます。誰かが再生し画面共有しそれを全員で見る、または個々人で画面を見てもよいですが、いずれにせよ各参加者が同時にセッション映像を見て、かつ各参加者の音声が共有できる状態にします。そしてセッションの配信を見ながら、感想や気づいたこと、あるいは自分の体験を共有するものです。他の人の経験や気づいたことは、セッションを聴くだけでは得られない貴重なものです。同じものを見聞きしていても気づきの内容、得るものは人それぞれです。その人それぞれの視点を共有することができるという素晴らしい方法です。セッション配信を利用した、カンファレンスとは別の楽しみ方といえるでしょう。

10.1.3　Togetterを見る・まとめる

カンファレンス後はカンファレンスのTogetterが作られることも多いので、それを眺めてみると、カンファレンスをもう一度楽しむことができます（なければ作ってしまいましょう！）。

Twitterはカンファレンス参加者個々人が印象的だった言葉が短いメッセージの中に込められていることが多く、さらにそれをまとめたTogetterにはカンファレンス・セッションの魅力が凝縮されています。見返してもう一度熱い想いを蘇らせるのもよいですし、自分が印象的だったところを改めて深堀りする材料に使ってみるとよいでしょう。

10.1.4　セッションで出てきた参考資料の整理

カンファレンスのセッションでは、参考資料として、スライドや本などが紹介されることがあります。

印象的だったセッションを中心に、セッション中で紹介されたスライドや本を見てみることで、セッションのより深い理解につながり、新しい発見があるかもしれません。

10.2　得たものをアウトプットする

インプットしたものを自分でかみ砕いて、ブログやTwitterなどでアウトプットすることで、より深く知り、腑落ちできることもあります。またそのアウトプットが他の参加者、未来の参加者の役に立つこともあります。

10.2.1　まとめブログ・ふりかえりブログを書く

カンファレンスが終わった後に、カンファレンスで学んだことや感じたことをまとめてみるのも良いでしょう。

ブログを書くことで、以下のメリットを享受することができます。

・カンファレンスで学んだことを自分の中で棚卸しすることができる

・後からカンファレンスのことを思い出したくなった時に記録・記憶として容易に思い出せる

・カンファレンスの企画者や参加者から反応をもらい、新たな学びや繋がりが増えることがある

10.2.2　カンファレンスの体験を社内で共有する

カンファレンス参加後は、カンファレンスで得た学びを社内でも共有したり、学んだ知識を社内のプロジェクトで実践してみましょう。

カンファレンスで得た知識を実践してみることで理解が深まりますし、得た知識をもとに何かしら実践してみた結果をアウトプットすることで、カンファレンスで参加していた方や登壇していた方から更なる知識や新たな学びを共有してもらえるかもしれません。

ただし、カンファレンスの熱をカンファレンスに参加していない社内の人にそのまま伝えたり、カンファレンスで紹介されていた手法をそのまま現場に適用したりするのは、上手くいかない場合も多いので注意した方が良いでしょう。

カンファレンスで紹介されている事例や手法は今すぐ試したくなる刺激的なものが多いですし、カンファレンスに参加した直後は学んだことを今すぐにでも試したい衝動に駆られることでしょう。しかし、カンファレンスに参加していない社内の人は熱が上がっている訳でもなく、カンファレンスで話されていた内容も知りません。そのため、いきなりカンファレンスの話をすると、その人の押し付けとして捉えられてしまう可能性もあります。また、自分の環境にカスタマイズすることもお忘れなく。

まずは自身の現場のコンテキストや現状を見つめ、「カンファレンスで得た学びを活かして理想の状態へ進むための一歩はどのようなものか？」「カンファレンスに参加していない社内の人でも共感してもらえそうなポイントはどこか？」を落ち着いて考えてみましょう。

10.3　コミュニティに参加する

コミュニティに参加してみましょう。新しい関係、新しい情報、そして楽しい空間に出会うことができます。

10.3.1　まずは参加してみる

登壇者や聴講者が所属しているコミュニティのSlackやDiscordがあればそこに参加してみましょう。カンファレンスの公式Slackがある場合もあります。ここでは登壇者、参加者が普段から雑談しています。カンファレンスのテーマ、あるいはセッショントピックに関連した話が行われているでしょう。あるいは次の登壇情報、イベント情報が告知される可能性もあります。

日頃困っていることを相談してみる、セッションの感想を伝えるなど、さまざまなコミュニケーションが期待できます。

複数セッションにわたる内容の関連を俯瞰できたり、隣接分野を含めて情報に触れることができる期待もあります。そして、このコミュニティは永続的なものですから、あなたの新しいホームに

なるかもしれません。

10.3.2　セッション間のつながりを楽しむ

　複数セッションのあるカンファレンスでは、いくつかのセッションを選んで聞くことになります。コミュニティに参加して雑談を眺めていることで、それぞれの繋がりを把握することができる可能性があります。具体的な例として、初心者向けセッションAと中級者向けセッションBがあったとして、Aだけを聴講していたあなたが、雑談チャンネルの会話からBの存在と概要を知り、後日視聴してさらに理解を深める、といったことを想定することができます。あるいは、タイムテーブルの設計の意図なども見えてくるかもしれません。

　また、登壇者や参加者からおススメのセッションを教えてもらったり、次のイベント情報が手に入ることもあります。前提知識として有用な過去のイベント、書籍、なども素敵な情報です。

10.3.3　登壇者・運営者の人から裏話を聞く

　登壇者や運営者の人に裏話を聞いてみると、思わぬ話を知ることができたり、カンファレンスのメインテーマをより深く理解したり、カンファレンスに隠されていた意図を知ることができる可能性があります。

　最近は運営のふりかえり会がオープンな場でされることも多いので、運営のふりかえり会に思い切って突入して、話を聞いてみるのもありかもしれません。

　あるいは、スタッフとして参加するきっかけになるかもしれません。自分もカンファレンス・イベントを作り上げる側になりたい！と思ったらぜひ参加してみましょう。作り上げる側から見えること、得られるものがたくさんあります。スタッフ参加の章にもより詳細に記載がありますが、たいていのカンファレンスは常に人手不足です。カンファレンスを満喫する一つの方法としてのスタッフ参加も考えてみてください。

10.4　参加したら終わりではない

　カンファレンスは参加して終わりではありません。ここに挙げた以外にもさまざまな楽しみ方があります。もしここに書いてある以外の楽しみ方があればぜひ教えてください。

第11章　まとめブログ、ふりかえりブログを書こう

カンファレンスに参加した後は、まとめブログやふりかえりブログを書いてみましょう。

11.1　まとめブログやふりかえりブログを書くメリット

11.1.1　登壇者や運営スタッフ、参加者に感謝の気持ちを伝えられる

カンファレンスに参加している方々（特に登壇者や運営スタッフの皆さん）は、カンファレンスを良いものにするために、全力を尽くしてくれています。

カンファレンスに参加している方々に感謝を伝えることで、「カンファレンスを良くするためにいろいろやってきて良かった」「またカンファレンスに登壇しよう、またカンファレンスを企画しよう、またカンファレンスに参加しよう」というカンファレンス参加者のモチベーションアップにも繋がります。

また、自身の感謝が伝わり、カンファレンス参加者が反応してくれる喜びは、自分が想定していた以上に大きいものです。自身がカンファレンスを楽しむことができていればいるほど、喜びは大きくなります。簡単でもいいので、是非まとめブログやふりかえりブログで、感謝の気持ちを伝えてみてください！

11.1.2　自身の学びが整理される

まとめブログやふりかえりブログを書く過程で、自然とカンファレンスで得た内容を言語化することになります。言語化することによって、自身の頭が整理され、カンファレンス参加中には気が付いていなかった思わぬ学びを得ることができるかもしれません。

聴講しただけではつかみ切れていなかった内容が、自身のアウトプットの過程で咀嚼され、血肉となります。これはアウトプットすることの非常に大きな利点です。

11.1.3　記録として残り続ける

まとめブログやふりかえりブログを書くことで、カンファレンスが終わってもカンファレンスで起きたことや感動したことは、文章記録として残り続けます。

そのブログを見て、次のカンファレンスに参加してみよう！と思う人が出てくれば、素晴らしい成果です。手法や知識として他の人に与えることにもなります。

記録として残り続けることで、次回以降のカンファレンスに参加する方々がカンファレンスの雰囲気を掴むための材料になったり、自分自身が後日カンファレンスをふりかえる時の材料になります。

11.2　まとめブログやふりかえりブログの書き方

11.2.1　カンファレンスの感想を書く

　初めてまとめブログやふりかえりブログを書く時は、難しいことを考えずに、自分の気持ちを素直に感想として書いてみましょう。

　ブログというとついつい身構えてしまうかもしれませんが、200〜300文字程度簡単に感想を書く形でも全く問題ありません。

　むしろ、感想を素直に出すことで、自分にヒットした部分が可視化されるというメリットもあります。それと同時に、身構える必要がなくなるので、何となく二の足を踏む、あるいは数日経過してからになってしまうといった弊害がなくなります。あくまで感想です。感情の赴くままアウトプットすることも重要です。

11.2.2　カンファレンス中にTwitterで呟いた内容をそのまま貼る

　カンファレンス中にTwitterで呟いていた場合、呟きを整理して（例えば時系列順に、など）ブログに貼り付けると、簡単にブログを書くことができます。

　カンファレンスにはカンファレンス専用のハッシュタグが用意されているので、ハッシュタグを検索し、他の参加者が呟いた内容で印象的だったものを、貼り付けても良いでしょう。

　Twitterでつぶやくためには、リアルタイムで聞き取りと再編集を行い、すでに一度かみ砕いて整理された内容です。案外上手く整理されていて、新たに書き起こすよりうまく整理できていることすらあるでしょう。

　Tweetを並べて、そのうえで少し補足する、あるいはあとからふりかえってみてさらに思いついたこと、感じたことを書き足すなどしてみてください。素敵なふりかえりブログになりましたね。

11.2.3　ブログ上でふりかえりする

　カンファレンスの内容をブログ上でふりかえりしてみて、まとめてみましょう。

　ふりかえりの際は、ふりかえりエバンジェリストのびば（@viva_tweet_x）さんが監修した「ふりかえりチートシート」（https://qiita.com/viva_tweet_x/items/b06f56ce83038fc2bb8f）や「ふりかえりカタログ」（https://qiita.com/viva_tweet_x/items/cc3bad3bd298406b6cc7）の中から自分が好きな方法を選んでふりかえりすると、楽しくふりかえりができます。

　手法が多すぎて悩んだ場合は、「KPT」や「Fun/Done/Learn」といったポピュラーなふりかえり手法を使うのがおすすめです。方法はあくまで方法ですが、型に当てはめることで、ふりかえりの「方法」に労力を割くことなく、ふりかえりの「内容」に集中することができます。

　KPTはKeep,Problem,Tryの頭文字です。例えば、カンファレンスの聴講内容を今の自分に当てはめてみて、良いところ(Keep)や課題(Problem)を書き出してみたり、セッション内で得た方法をどう適用するか（Tryするか）を考える、といった方法も考えられます。Fun Done Learnも同様で、楽しかったこと、やったこと、学んだこと、といった切り口で整理するものです。ワークショップなどに参加した時のふりかえりには強力な武器になるでしょう。

　最近のカンファレンスでは、アーカイブ配信であとから視聴できる場合も少なくありません。ふ

りかえりといっても、すべての内容を網羅する必要はなく、ヒットした部分について深掘りする方がいろいろと都合よいことがあります。また網羅しようとしてメモに忙しくなって情報密度が低下するなどの懸念もあります。重要だと思ったところ、自分に刺さった内容などを中心に整理することをおすすめします。

11.3　まとめ

カンファレンス参加して得たこと、聞いた内容、知ったこと、あるいは今後仕事に使ってみようかなといった形での決意表明などをブログという形でアウトプットしてみませんか？

きっと良いことが起こり、良い方向に進むでしょう。

第12章　Twitter実況とカンファレンス一実況してる私のこだわり

参加したカンファレンスでTwitter実況を目にしたことはありますか？実況している人がなにを考えているのか、どんなきっかけで実況を始めたのか、Twitter実況をよくしている2人が対談形式でお送りします。

12.1　対談した人の紹介

こばせ（こ）:参加したカンファレンスでよく実況してる人。

はない（は）:TACO（Tokyo Agile COmmunity）オーガナイザーの他、カンファレンス運営スタッフなどにも参加。参加したカンファレンスでは実況の他、スタッフとして参加レポートの執筆なども経験。

12.2　そもそもTwitter実況とは？

勉強会やカンファレンスでの発表内容をひたすらTwitterに投稿する活動です。その場にいた人の感想や交流以外に、参加していない人や裏番組でみられない発表の内容などをTwitterに残すことで、あとで見返す際の参考にすることができます。

12.2.1　なぜ実況するのか？

は：そもそも実況を始めたきっかけってどんなものでしたか？

こ：どの勉強会だったかは覚えていないですが、もともとテキストエディタにメモを残しながら聞く習慣がありましたね。どこかでTwitter実況という文化があるのを目にしてそれがきっかけで手元のメモからTwitterに切り替えたんじゃないかな。

は：なるほど。私も参加した勉強会でメモを取る習慣はありましたね。私が実況を始めたのは、もくもく会の終盤にあるLTのタイミングでオーガナイザーの人からハッシュタグの案内があって、そこからTwitterに書くようになったのが最初かな。しばらくして勉強会やカンファレンスの運営側として参加するようになったときに、勉強会に来ていない人への宣伝も兼ねて積極的に実況という形を取るようになりましたね。「楽しそうな勉強会やっているな」と知ってもらえればと思って毎回書き込んでいました。

12.2.2　こんな反応が嬉しい

こ：あー。わかります。実況を見て参加してない人がコメントをしているのをみると嬉しくなりますね。いいねやRTだけでも嬉しいです。そういう反応があったから続いているという面もあり

ます。スピーカーの人から連続でいいねもらえたりするのも嬉しいですよね。誰かの役に立ったことが反応でわかるのは嬉しいですよね。勝ち負けではないですが、そういう反応がたくさんあると「勝った」と思ったりします笑

は：あるあるですね。たくさんRTやいいねをもらうと、こういう発表がうけるんだなぁというのがわかるのもある種実況している人の特権かもしれないですね。自分は発表していなくても自分と同じ興味のある人がたくさんいるというのがわかって面白いです。

12.2.3　実況を続けていたらこんないいことがあった

は：カンファレンススタッフのお手伝いをした時に、参加レポートを寄稿する機会があったんですが、実況を続けていて「こういうことがうける」という積み重ねがあったり、発表者の発言を正確にメモするという訓練が自然とされていたので、情報の取捨選択ができてレポートがすごくかきやすかったという経験があります。新卒の時によく議事録を取る仕事がふられることがあると思いますが、そういうところにも実況で鍛えたスキルは役に立っているかなと思います。

こ：そうなんですね。私は人の話を聞きながらかきとるという点で、議事録をとることでつちかわれたスキルが実況に生きているなと感じます。

は：あと、あんまり多くはないかもしれないですが、通訳さんがつくタイプの発表での実況は役に立ったなと思います。通訳さんの音声ってあとで公開とかできないことがおおいので、録画を見返す際に自分の実況が通訳音声ベースでしてあると理解の助けになります。

12.3　実況している時の気持ちや考えていること

こ：通訳という意味だと、日本語から日本語へ同時通訳をしているのかもと最近思っています。

は：140字という制約のなかで発表者の言葉をまとめるって感じですね。

こ：私はできるだけ発表者の人の言葉選びや語尾やニュアンスをそのまま伝えたいので、要約しないようにしています。

は：そうなんですね。記事を書く体験をしてからは要約して流すことが多くなったかもしれないです。言葉そのままを流している時は自分が理解できていない時のバロメーターにもなっているような気がします。

こ：気をつけていることという意味だと、発表者の言葉と自分の意見や感想が混ざらないようにも気をつけていますね。

は：わかります。書き方難しいですよね。私は自分の意見の時は丸カッコをつけて書いてます。キーストローク的にもやりやすいので。

こ：私もです。他には、発表者の発言にカギカッコをつけて、行を開けた後にコメントを書くこともあります。

12.3.1　実況はスポーツ

こ：あと、スライドの中で紹介された書籍やリンクもガンガン探してツイートしますね。

は：めっちゃわかります。他の人より先に出せると嬉しくなります。

こ：勝手に対抗意識もやしちゃいますよね（笑）。

は：発表者の人が「スライドは事前に公開していますので、あとでリンク共有します」と言っている間に探し出してツイートしちゃいます。発表の中で「あ、もう誰かが共有してくれてますね」と言われると嬉しいです。

こ：わかります。オンラインカンファレンスでDiscordへの投稿がかぶっちゃった時は消したりもします。リンクを探し出すゲームみたいになっています。

は：そういう事してると、「ペアプロなれてますね」ってコメントもらうことがあるんですけど、どっちかというと私は実況で得たスキルなんですよね。

12.4　オンラインカンファレンスでの変化

は：オンラインカンファレンスの話が出ましたが、オンラインになって何か変わったことありますか？

こ：オンラインカンファレンスにもいろいろな形式がありますよね。Zoomだけだったり、ZoomをYoutubeで配信してコメントはYoutubeの方にだったり、ZoomとDiscordの併用だったり。YoutubeとTwitterというのにも参加したことがあります。いずれにせよ、主催者の方がコミュニケーションチャネルをどう設計しているか、それぞれ色が出ていますね。

は：オンラインになってDiscordというコミュニケーションチャネルが生まれたわけですけど、これってオフラインの時だとなんだったんでしょうね？Twitterに近いのかな。参加者だけしか見られないという意味ではTwitterとはまた違った心理的安全性というか、同じコンテキストを共有する新しい場なのかなと個人的には見ているんです。Twitterと違ってスタンプでの反応というのも新しいと思います。一方でDiscordを見ながら話を聞いてしまうと自分の思考が汚染されるというか、消化しきらないうちに他の意見が入ってきてしまうようになったと思います。

こ：実況する側としてはコミュニティとツールの組み合わせがいろいろ増えたので、実況の場所を明確にしてもらえると助かりますね笑。実況者の適応力が試されているんじゃないかと思います。実況のプラットフォームとしてTwitterはちょうど良かったんですが、オンライン開催になってそういう実況が下火になったコミュニティもありますね。connpassの人気イベントランキング[1]もオンラインになって雰囲気が変わったように感じます。ただ、運営方法が変わってもTwitterは相変わらず賑やかなところは多いですね。

は：確かに参加者の参加方法も新しいものが出てきましたよね。当日参加できないけど、録画が見たいからチケットだけ買ってDiscordには参加しておくというのもできるようになって、そういう人にとってはTwitterに情報があるよりDiscordに情報がまとまっていると見やすかったりしそうですよね。セッションの開始のタイミングをDiscord上のコメントのリンクで投稿することもあります。

こ：Discordでの実況とTwitter実況は共存できる道はあると思うんですが、いろいろ試しながら見つけていきたいですね。

は：Discordが使われるようになって、そのサーバーの中でしか通じないハイコンテクストな会話

1.https://connpass.com/ranking/

も増えたように感じます。

　こ：オフラインの時だと飲み会とかで話していたことも、文字情報として残っているからですかね？

　は：その感覚に近いですね。そういうハイコンテクストな会話がカンファレンスが終わっても録画の同時視聴会などを通じて継続されるようになって、新しくコミュニティに入ってきた人たちが「うっ」と思ってしまうことで、参入障壁というか疎外感には繋がって欲しくないなと思いますね。そういう意味ではTwitterに実況を流したり、感想ブログを投稿することでコミュニティの外にいる人と中にいる人を繋ぐというのは今後ますます重要になってくるのではないかと感じています。

12.5　実況しやすいとき、しにくいとき

　は：実況する時にハッシュタグは必須になってくると思いますが、やりやすい、やりにくいものってあります？私はTwitterをブラウザで開いて実況するので、新規ツイート時に引き継がれないハッシュタグはちょっと面倒だなと思ってしまいます。

　こ：ハッシュタグでいうと事前にお知らせされてたのと、当日アナウンスされたものが違うということもありますね。カンファレンス自体のハッシュタグと部屋のハッシュタグ両方というパターンもありますが、クライアントによっては引き継がれないこともあるので、そういう時は手元にメモしてコピペしてますね。

　は：実況者泣かせのハッシュタグってありますよね。運営の人はぜひ連続ツイートして実況のしやすさを確認の上ハッシュタグの決定をお願いしたいです（笑）。

　こ：あまりツイートしている人がいないハッシュタグも不安になります。半分意地になって続けることもありましたが、ずっと不安なまま実況していました。

　は：実況しようとして何回かTweetした後に、運営の人から「それじゃないです」と言われたこともありますね。

　こ：ワークショップとかの場合はどうしていますか？

　は：ワークショップはネタバレになると次回以降に参加する人が楽しめなくなっちゃうと思うので、実況せず感想だけツイートすることはありますね。

12.6　実況する時のPC環境

　は：実況するときの手元の環境ってどんな感じですか？わたしはMacの画面分割機能使って、1画面の半分をTwitterのハッシュタグ検索で最新タブ開いて、もう半分にブログや資料の検索用に開けてあります。できるだけトラックパッドを使わないように、文字をたくさん打てるようにしています。

　こ：私はまだ試行錯誤してるんですが、Macを使っていた時は書き込み用に「夜フクロウ」[2]というクライアントを使っていました。見る用としてTweetDeckも開いて書き込みとタイムラインを見る用で分けていました。最近はWindowsを使っているので、オンラインカンファレンスだと2画面

---

2. 夜フクロウ　https://sites.google.com/site/yorufukurou/

構成にして、1枚にZoomなどの画面、もう1枚にTwitterとTweetDeck、Discordを開いています。

は：「夜フクロウ」初めて聞きました。使ってみようかな。

12.7　まとめ

は：気づけば3時間も話してしまいましたね。

こ：本当だ（笑）。

は：いったんここで切りたいと思います。第2弾の機会があればまたやりましょう！

こ：話し足りないこともあったのでぜひ！

第13章　登壇者として参加しよう

　カンファレンスに参加する形として「登壇者」として参加することもできます。カンファレンスへの参加の経験を積んだら、次は登壇での参加です。

　カンファレンス登壇なんて「自分には無理！」と思う方もいるかもしれませんが、一度やってみると案外その敷居は高くありません。そして、そこで話したという経験が大きな糧になり、以降新しい活動・世界につながることがあります。またその登壇によって知見を得たり、触発されて新しく何かを始める人を生み出すことができるかもしれません。

13.1　登壇者として参加する意義

　これまで参加したカンファレンスで、あなたが得たモノは何でしょう？

　聴講あるいはワークショップなどに参加して聞いた、登壇者の経験や実例をもとに経験値を共有できたこと、その経験から得た手法やプロセスを自分の周りの課題に適用して効果を上げたこと、懇親会で登壇者を囲んで話をする中で得た話もあるでしょう。あるいは単純に聞いて楽しかったという経験かもしれません。いずれも価値のある内容で、今後役に立っていくことでしょう。

　さて、そんな素敵な経験・体験を提供する側に立ってみませんか？あなたの経験や知識を他の人に共有するため、登壇してみましょう。

　登壇なんて考えたこともなかった、できるわけがない、なんて思われる方もいるかもしれません。では、なぜ無理と思いましたか？「無理」と思ったあなたの心を（勝手に）代弁してみます。

よわよわエンジニアな自分には無理？

　登壇している人はみんなその界隈では有名な人、実績も技術力もある人、それに対して自分は実績も技術もないし……なんてことを思っているかもしれません。

　でも、つよつよエンジニアが取り上げないような初心者向けのトピックスについて話すという点で、すでに十分に価値のある内容です。あるいはあなたが今困っていること、あるいは過去に困っていたことを実際に解決したという手法や経験は、必ず誰かの役に立ちます。

ネタがない？

　人に話す・共有できるような経験、ネタがない、と思っているかもしれませんね。

　あなたの経験していること・直面した課題は、他の人がこれから経験すること、または現在進行形で同じように困っていることかもしれません。それを切り出し共有することで、誰かの助けになることは十分にありえます。あなたがさまざまな勉強会で聴いた話は、登壇者の経験や直面した課題に基づくものです。

　それを整理して共有することで救われる人は必ずいます。全く同じシチュエーションとはいかずとも、解決策の一部は参考になるでしょう。あるいは課題を共有することで、課題として認識する

手助けになる可能性もあります。こういった知識を共有することで車輪の再発明を防ぐことができます。

まとまったら（いつか）登壇しよう

　経験としてはあるのだけどまだ途中、あるいはまとまったら（いつかそのうち……）と考えるネタは思いつくかもしれません。

　確かに結論がはっきりした内容であることは素晴らしいことです。ですが今はまだ……と思っていては、その「いつか」はいつまでもやってこないかもしれません。

　今を切り取って出すことは十分に価値があります。上級者が息をするようにできることにもつまづくかもしれません。ですが、初心者だからこそ見えるハマりポイントがあることを話す、解決策について話す、実際に経験した課題に対しての解決アプローチを話す、いくらでもネタとして切り取ることができます。

13.2　CfPに応募してみよう

　カンファレンスに登壇するためにはふたつのルートがあります。まずひとつは、運営側から「登壇していただけませんか？」と声がかかるパターン。そしてもうひとつが公募に応募するパターンです。前者は基本的にすでにさまざまな活動で知名度がある人に声がかかるというのが基本ですから、本章では取り上げません。

　カンファレンス(LT会など、あるいは勉強会も含みます)が、登壇者としてエントリーする際に提出するタイトル、講演概要など一般に**プロポーザル**といいます。CfPを出す、という言い方をすることもあります。CfPは、「運営側がエントリーを募集するための呼びかけ」である　Call for Proposalsの略です。もともとは主催者が応募を呼び掛けることですが、ここから意味が転じて、「登壇に応募する」ことを「CfPを出す」という言い方をすることがあります。一般的には主催者の立場でいるより、登壇者の立場（および登壇者候補）にいる人の方が多いので、「CfPを出す」とだけ言った場合に主催と誤解されることは少ないでしょう。

13.2.1　プロポーザルを書くコツ

　前節で、プロポーザルの内容は大枠固まったとして話を進めます。何を出そうかが全く決まっていない場合は、まずはそこからです。

　なお、ブログを書いているなら、ネタとしてそこからひとつのトピックスを抽出してまとめ直してみるというのもよい方法です。また、直近直面して解決できた課題について整理してみるのもよいですね。

　何を話すのかはこの段階で整理しましょう。誰に向かって話すのか、対象者のペルソナを決めるのもよいでしょう。プロポーザルを組み立てる中で整理していけばよいので、この時点でガチガチに決める必要はありません。

登壇先/応募先を決める

まずは、どのカンファレンスにCfPを出すか考えましょう。登壇してみたいカンファレンス（LT会、勉強会）を探します。自分が持っているテーマ、しゃべりたいテーマに近いところがよいでしょう。そして、自分が参加したことのあるカンファレンスならば、ある程度雰囲気(あるいは参加者の属性やレベル分布、年齢やバックグラウンドなど)がわかっていると思います。それがわかっているだけで、エントリーのハードルは下がります。内容についての前提などから迷わなくて済みますから。

募集要項を読む

次は、募集要項をきちんと読みましょう。募集要項にはたいていの場合、以下の項目が記載されています。

・主催者からの呼び掛け文
・発表持ち時間
・期待するテーマ（運営が話してほしいテーマ）
・参加者の属性
・募集（エントリー）期限

いずれも重要な項目であることは明らかです。

主催者からの呼び掛け文や期待するテーマとあなたのエントリーするテーマがあまりにも食い違っている場合、落選する可能性が高くなります。ピアノの発表会に「少林寺拳法の型披露します！」というエントリーを出すわけにはいきませんよね。それが許されるのは、主催者から呼び掛けた大御所だけです。もっともそういう人たちは、超絶技巧でもって「少林寺拳法の型をやりながら」ピアノを弾き始めたりするのですが、本論からはだいぶずれるのでこのあたりで。

また、発表持ち時間も重要です。それに合わせて内容の取捨選択をする必要があります。5分のLT、30分のトーク、1時間のトーク、同じ内容でも何をしゃべるか、それに応じてトピックスとする項目も若干変わります。

プロポーザルを書いてみる

次は、概要を書いてみましょう。しゃべるトピックスについての概要といえば簡単ですが、規定の文字数の中に内容、ターゲットとする人、あるいは聴講者に対しての参加を呼び掛ける言葉を書きます。

自分のトークを聞いてほしい人に向けての呼びかけです。初心者向けなのか、玄人向けなのかは明言しましょう。

「xx使い始めたけど一ミリもわからない人、私が踏み抜いてきた地雷を5つご紹介します」
「xxを手足のように使いこなすあなたでも知らない3つの神業、みせてやりますよ」

多少煽りっぽいですが、ターゲットは明確ですよね？

ある意味で、ターゲットを明確に設定することができれば、CfPの大部分はできたといってもよいでしょう。誰に向けたものかわからないというのは避けた方が無難です。全員に届けるというターゲット設定をするよりも、ピンポイントでも明確な相手属性を設定することをおすすめします。

タイトルを考える

　発表タイトルはプロポーザルのなかでも重要なファクターのひとつです。並行トラックのあるカンファレンスのタイムテーブルを「どれを聞こうかな」と思って眺めるとき、まずはタイトルをチェックしますよね。中身を過不足なく表し、誰をターゲットにするのかが明確なタイトルを頑張ってつけましょう。

　「xxやってみた」　トークの内容が自分がやってみた経験に基づく場合よい選択です。

　「新入社員が直面したXXの落とし穴」　自分/相手の属性を踏まえるのも一案です。

　「ツヨツヨエンジニアになるためのたったひとつの方法」聴講者のメリットを推してみましょう。

　ただし、煽りになりなりすぎないようにご注意。

　また、巷にあふれる（ちょっと怪しい）本のタイトルっぽくなってしまうこともあります。これはある意味致し方ない面もあるでしょう。ターゲットを設定して、その人にフックするようなタイトル、表現をコピーライターや編集者が考えた結果ですから。そういう意味ではそういう本の名づけの仕方を参考にするのも方法としてはアリかもしれません。

13.2.2　誰かに見てもらおう

　書いてみたプロポーザルは、ぜひだれかに見てもらいましょう。

　あなたが所属するコミュニティのSlackなどに投稿してみるというのがひとつの方法です。

　「今度カンファレンスに出してみようと思ってるプロポーザルなんだけど、添削おなしゃす！」とでも投稿してみるのです。

　それを読んだ人から、内容のイイね！応援のイイね！がつくと心強いです。「あ、それ俺も聞きたい」とか、「あるあるだよねー」といったコメントが付くかもしれません。潜在的聴講者があらかじめわかるとか、ニーズがあることがわかる、という点は非常に心強いですね。

　内容、表現についてアドバイスがもらえるかもしれません。「いいと思うんだけど、もう少し初心者向けとわかるようにした方がいいと思った」「玄人向けって明言した方がいいかも？」など

　見てもらう先が思いつかない場合は、（時間に余裕があれば）Twitterとかで仲の良い（日頃よく絡む）人にDMで投げてみるというのも一案です。あまり回答をせかすと負担になりますから、「時間があったらGood/Badだけでもいいからおしえてくれるとうれしいです」程度で軽く投げてみるのもよいでしょう。

　第三者の目というのは、ブラッシュアップに非常に有用です。

　最後の手段は「第三者になりきって自分で見る」です。自分がイベント参加者だとして見てみたいセッションか、自分の想定する聴講者の興味を引くか、といった点で確認します。できれば翌日や、少なくとも少し気分を切り替えて客観的にみるとよいでしょう。

　あとはもうエントリーするだけです。締め切りを確認し、必要事項を記入して、ぽちっとボタンを押します。採択発表の日までドキドキわくわく、でもプレッシャーにならないように楽しみに待ちましょう。

13.3　登壇資料を作ろう

　採択連絡が来たら、次は登壇資料作りです。トーク内容の組み立てとも並行します。なお、これは筆者のやりかたであって、強制するわけではありませんが、ひとつの方法として読んでいただければと思います。

　階層構造を作って、細分化・整理していく方法です。

　すでに登壇内容はプロポーザルの中に書いてあります。これを時間に合うスライド枚数まで膨らませます。

　さあスライドをPCで作り始めましょうか。PowerPoint/Keynoteを起動する？いやPCに向かうのはまだです。いったん紙でやってみましょう。アナログな方法ですが、アウトプットまでの帯域が太いので紙で作るのがおススメです。

　白紙の紙を2枚用意します。1枚目に、概要を作っていきましょう。

　左側にタイトルを書きます。例えば、**技術書を書こう**という話をするとき、これを中央または左中段に書きます。

　次に、今回もやっと話す内容に関するキーワードや項目を3つないしは4つ書き出してみましょう。1段階細分化します。第2階層ですね。例えば、次の項目がしゃべりたいネタとして上がってきたとします。

・技術同人誌とはなにか

・書くメリット

・どうやって書く？

・何を書く？

この後ネタの取捨選択をするので、4項目か5項目書けるといいですね。

　次に、それぞれの項目について、さらにもう一段落とし込んで階層化(第3階層)します。

　ここでは、技術同人誌とはなにか、をさらに掘り下げます。

・技術同人誌と何か？

　—どこで手に入る？

　—どんな本がある？（内容、レベル、厚さ)

　—商業誌との差は？

　—技術同人誌のいいところは？

3階層作ると、タイトルと、しゃべるネタが16個できました（4×4です）。

　特にしゃべりたい内容にマークをつけましょう。ポイントをしぼることで、メリハリが付きますし、他の項目は参加者が自分で考えるきっかけになったり、他の登壇の時のネタに取っておくこともできます。全部しゃべると時間はいくらあっても足りませんから、内容を増やす作業と削る作業は随時やります。

図13.1: トピックスの整理：1枚目の紙

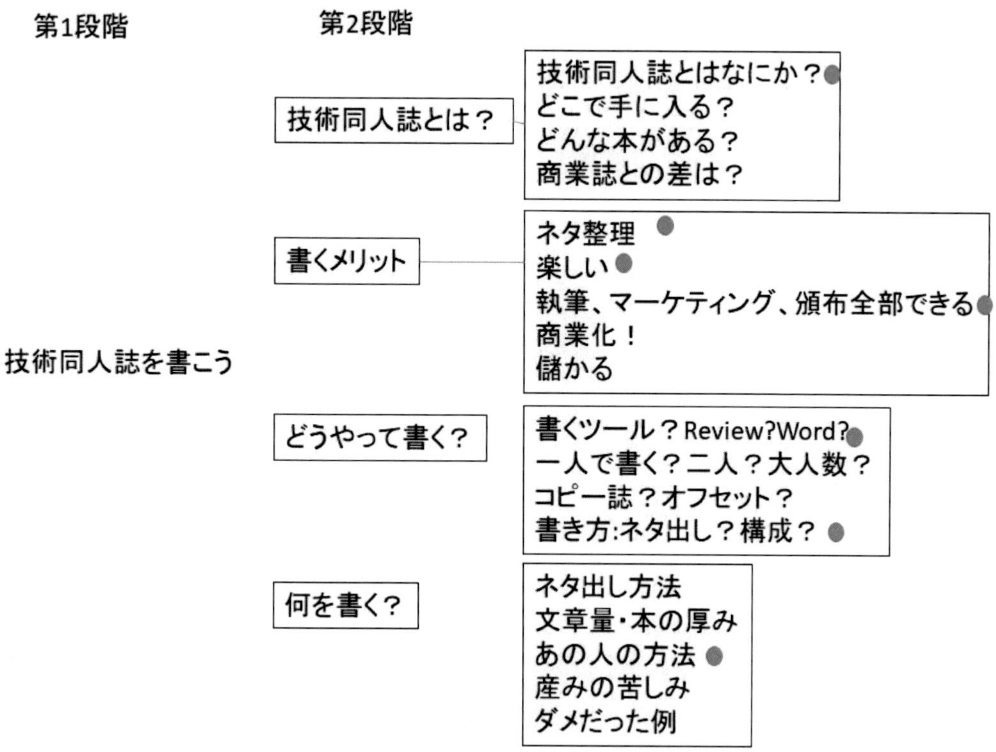

第1段階　　　　　第2段階

技術同人誌とは？
- 技術同人誌とはなにか？
- どこで手に入る？
- どんな本がある？
- 商業誌との差は？

書くメリット
- ネタ整理
- 楽しい
- 執筆、マーケティング、頒布全部できる
- 商業化！
- 儲かる

技術同人誌を書こう

どうやって書く？
- 書くツール？Review?Word?
- 一人で書く？二人？大人数？
- コピー誌？オフセット？
- 書き方:ネタ出し？構成？

何を書く？
- ネタ出し方法
- 文章量・本の厚み
- あの人の方法
- 産みの苦しみ
- ダメだった例

　トピックスを抽出すれば、持ち時間にもよりますが、あとはこれを並べるだけでスライドになります。ですが、まだスライドスライド作成ツールは使いません。

　これをさらに、紙の上で構成を進めます。2枚目の紙を持ってきて、10〜12個くらいの枠を作りましょう。紙を折ってもよいですね。LT登壇なら、持ち時間の分数×1.5〜2を目安に枠に区切ります。5分なら8〜10個くらいですね。カンファレンス登壇でも、話す内容が細かくなるだけで、ストーリーの肝は10枚くらいまでにまとめられるはずです。

　最初の枠には、タイトルを入れます。「技術同人誌を書こう」です。最後の枠には、まとめ。と入れます(実際にスライドに入れるかは別。でもとりあえず入れます。)

図13.2: トピックスを並べる：2枚目の紙

タイトル 技術同人誌を書こう	技術同人誌て何?	書くメリット1 ネタ整理	書くメリット2 楽しい	書くメリット3 全部自分でできる	
どうやって書く? Word?Review?	書き方? ネタ出し	何を書く? あの人の方法	まとめ		

あとの枠には、選んだトピックをひとつづつ入れて、それを説明するキーワードをさらに書き込みます。

流れがスムーズになるように、順番を入れ替えたり、削ったり追加したりしつつ、作っていきましょう。

図13.3: 完成した"スライドの原型": 2枚目の紙

タイトル 技術同人誌を書こう	技術同人誌て何? 同人誌 技術書典で買える 厚い薄い本 中身レベルは?	書くメリット1 ネタ整理	書くメリット2 楽しい 楽しい! 打ち上げ!	書くメリット3 全部自分でできる 執筆 組版 入稿:大変!	
どうやって書く? Word?Review? Review癖あるよ TeXはクソゲー	書き方? ネタ出し とりあえず鉛筆 書いてみろ	何を書く? あの人の方法 文豪でも無理 こうやったら書ける	まとめ		

これができたところで、全体を見てみましょう。スライドの原型っぽくなっていませんか?何ならこの紙だけで持ち時間全部しゃべれる気がしませんか?

ここでいよいよパワポなどを起動します。持ち時間を確認しながら、1スライド1分でしゃべれる分量と考えて作ってみましょう。20分なら20ページ、40分なら40ページを目安に作ります。これは個人差があるので、1スライドの中の分量や話し方で適宜調整するとよいでしょう。

ある程度でき上がったら、通しで読み上げてみましょう。話づらいところは構成がうまくいっていないところです。ストーリーなのか、説明不足なのか、自分の理解が足りていないのか、いずれかあるいはそのいくつかが複合することによります。こういったところを修正していくと、発表練習と資料のブラッシュアップを同時に進めることができます。準備のハードルを上げるわけではありませんが、3回くらいは遠しで練習ができるとよいですね。

13.4　登壇環境を整える(オンラインカンファレンス)

オンラインカンファレンスに登壇するときは、登壇/配信に関する環境を整えておくとよいでしょう。高額な機材が必要なわけではありません。ちょっとした工夫で快適さが変わります。またマイク/ヘッドセットのように今後も利用できるものも少なくありません。オンラインカンファレンス登壇を快適にするために使えるものは、リモートワークでも使えます。

マイク

マイクはぜひ準備してください。べらぼうに高いものを買う必要はありませんが、外付けマイクまたはヘッドセットがあるとよいです。マイクの位置が決まるので、音量が変化したりしづらく、聴きやすくなります。外付けのUSBマイクも、2～3千円からあります。

PCマイクを使う場合、イヤホンは必須です。PCスピーカーからの音声がPCマイクに入るとハウリングが起こります。イヤホンを使うだけでそれが防げます。スマホについてくるイヤホン/マイクでも、ないよりは100倍マシです。

無線のマイク/ヘッドセットは、電波干渉やバッテリー切れなど、初登壇で集中したいときに割り込みになる要素があるので、事前に充電をしておくことと、事前テストをやっておくことをお勧めします。音声の途切れやノイズがないかなど、確認しておくとよいでしょう。また自分のマイクの音質は自分で気づくことが難しいので、他の人に聞いてもらうとよいです。カンファレンスによっては、リハーサルを予定していることも少なくありません。あるいは、運営の人に「初めてなので心配なのでリハーサルできませんか？」と聞いてみてもいいかもしれません。スライド共有しながら数分しゃべるだけでも音量チェック、ノイズや通信環境チェックには十分です。また、無線ヘッドセットを使っているときに家の中で電子レンジを使ったりすると電波干渉によりノイズが載ったりすることがあります。登壇時間だけは電子レンジなどを使わないように家族にもお願いしておきましょう。

カメラ

　カメラはPC備え付けでも十分ですが、角度によっては顔が上手く映らなかったりします。部屋の照明を含めて事前に確認をしておくことをお勧めします。こちらもリハーサルで見づらくないか、など確認できるとよいです。どうしても暗い場合は、追加照明を使うなども検討を。

　いっそ顔出ししないでアイコンを使うという手もあります。Twitterアイコンなどを使います。これもリハーサルで表示できることを確認できるとよいですね。

スライド

　オンライン配信では、スライド切り替えから聴衆に表示されるまでにどうしても数秒のラグが生じます。またスライド内の動画はコマ落ちが激しい場合が多く、ほとんど情報を伝えられません。スライドのアニメーションも想定通りの挙動を示さない場合が多いでしょう。したがって、スライドはできるだけシンプルに作る方がよいでしょう。文字やスライドのレイアウトをシンプルにという意味ではありません。不要なアニメーションはやめましょう、という意味です。

13.5　登壇によって開ける優しい世界

　カンファレンス登壇をしたという経験は大きな実績となります。あとでタイムラインを見てみてください。学びがあった、勇気づけられた、初めて知った、仕事で使ってみよう、などの感想が見られることでしょう。なお、セッションの感想をタイムラインに流す人は比較的少数です。実際の聴講者の1/10あるいはそれ以下かもしれません。であれば、実際に観測する10倍の人に学びを与えたと考えることができます。反応が少ないように見えても、悲観する必要はありません。

　一度登壇してみると、もっとしゃべりたくなると思います。少し内容を変える、あるいは別のネタでも構いません。他の勉強会にもエントリーしてみましょう。持ち時間や参加者の属性によって多少の手直しは必要かもしれませんが、最初よりはスムーズに登壇準備を組み立てることができるでしょう。

　そして、いつのまにかその界隈で知見のある人、という風に認識されます。技術的には初級者だとしても、そのトピックスについて詳しい**プロの初級者**という風に認識されるということです。懇親会などで何か相談が来るかもしれませんし、「この前の講演聞きました」というふうに会話が始

まることもあるでしょう。あるいは、「今度開催の勉強会に登壇してくれませんか？」といったオファーが来るかもしれません。結果として、アウトプットの質も量も増えていき、隣接領域でも知識や経験が増えてきて、気が付けば最初にあこがれていたつよつよエンジニアになっている日はすぐそこ。思い返せば「その最初の一歩はあの時の登壇でした。」となるでしょう。なお、マサカリが飛んでくることはほとんどありません。

　もちろん登壇だけがアウトプットではありません。ブログや同人誌・商業誌・Web メディア記事の執筆、Podcast など、さまざまなアウトプットがあり、それぞれ特長・特性があります。しかし、リアルタイムにたくさんの人に届けることができ、感触をつかみやすいという意味では、登壇が持つパワーは非常に大きいと考えます。今ブログを書いている人、なにか他のアウトプットをやっている人は是非ともその内容を「登壇」という形でアウトプットしてみてください。アウトプットの最初のハードルは高いように見えますが、すでに何かをやっているなら、その媒体を変えるだけです。

　また、今のところ何もやったことがないという方は、何かやりやすいアウトプットを始めてみてください。この本を読んでその感想をブログに書いてみる、Tweet してみるというのも十分なアウトプットです。Tweet を 5 本ほどやったら、ぜひそれをブログとしてまとめ直してみましょう。より体系だったすてきな文章になるでしょう。勉強会に参加してみた、何か（技術的な内容を）調べてみた・やってみた、それらをいくつかブログ記事として出して、さらにそれらをまとめて登壇ネタにする、などといった形でアウトプットを積み重ねるという方法があります。心理的、ボリューム的にも大きすぎる負荷・ジャンプなく、しかし大きなアウトプットにつなげることができます。

　この章を読んで「いっちょやってみようか」と思われた方、ぜひその登壇予定を教えてください。聞きに行きます。

第14章 カンファレンススタッフになってみよう

　世の中にあまたあるカンファレンス。その裏側ではどんなことが起こっているのでしょうか？

　カンファレンスは参加者としての楽しみ方もありますが、スタッフとして参加することで楽しめることもたくさんあります。

　本章はカンファレンススタッフってどんなことをしているのだろう？私に何かできることはあるのかな？といったスタッフ未経験の方の疑問に答えられたらと思います。

　※カンファレンスによって役割は異なる場合があり、あくまで一個人の経験に基づく一般論、一般的内容です。本章執筆者の関わっているカンファレンス実行委員の公式見解ではありません。あらかじめご承知おきください。

14.1　カンファレンススタッフの役割

　カンファレンススタッフには大きく分けてコア・スタッフと当日スタッフ、2種類の参加方法があります。どちらのスタッフにも共通することは、参加者の皆さんが楽しめるカンファレンスを作り上げるということ、そして何より自分たちが楽しんでカンファレンスを作り上げ成功させることにあります。

14.1.1　コア・スタッフの役割

　コア・スタッフはカンファレンスの企画段階から関わり、どんなカンファレンスにするか？どんなコンテンツを用意するか？予算をどうするか？スピーカーやスポンサーとのやりとりなどカンファレンスのコアになる部分を作り上げていく役割になります。開催企画の段階から関わるので長いものだと1年近く運営に関わることになります。カンファレンス当日には当日スタッフの方に仕事をお願いしたり、トラブルの対応などをすることもありますし、カンファレンスが終わってからもアンケートの集計や決算の作成、次回開催に向けたナレッジの整理など、長期間にわたってチームとしてカンファレンスを運営していきます。

14.1.2　当日スタッフの役割

　当日スタッフはその名の通り、カンファレンス当日の運営に必要な役割を担う仕事が中心になります。前日の会場設営、セッションの司会、カンファレンスレポートの執筆、会場ネットワークの管理や配信機材の操作、来場者、登壇者の案内などカンファレンスによってその仕事はさまざまです。

14.1.3　オンラインカンファレンスならではの役割

　オンラインカンファレンスでは、配信機材（ソフト・PC）の操作やスピーカーへの案内など、新

たな役割が生まれました。スピーカーもオンライン参加の場合には事前にセッションの配信チャンネルに参加しているか、画面共有ができるか、音声はつながっているかといった交通整理が必要です。オフラインイベントでも、登壇者を案内するといった役割はありましたから、形態が変わっただけととらえることもできますが。

　特にオンラインカンファレンスでは、配信の不具合はカンファレンス自体の中断に直結します。配信担当は専任に近い形で設定できるとユーザー体験は向上します。またTwitterをチェックして不具合やトラブルの報告を拾い、適宜対応をする等の役割も重要度を上げてきています。そういった意味で当日のスタッフは手があればあるほどスムーズに回るでしょう。たいていのカンファレンスでは人手不足です。

14.1.4　カンファレンススタッフの仕事

　カンファレンススタッフは上記以外にも、さまざまな仕事があります。コアスタッフ・当日スタッフの役割というくくりではなく、仕事の内容という観点で整理してみましょう。

　なお、カンファレンススタッフはたいてい慢性的に人手不足です。

・プログラム委員

　登壇募集あるいは登壇募集のエントリーをCall for Proposals、略してCfPと呼びます。エントリーのあったプロポーザルから、設定したテーマに合致するプロポーザルを選定し、プログラムの枠に当てはめていく、あるいはすてきな講演をしてくれそうな人を探して依頼する等、講演プログラムを組み立てる役割です。

　スタッフがプログラム委員を兼ねる場合も、外部から依頼する場合もありますが、CfP選定、プログラム編成を行う仕事があります。

・配信チーム

　特にオンラインカンファレンスでは、配信担当をつけることでいろいろスムーズになります。OBSなどの配信ツールを使う場合、Zoom等でセッションをつなぐ場合、セッション間での次の登壇者の直前リハーサル等、さまざまな仕事があります。聴講者にとっては見えづらい裏方ですが、ユーザー体験の向上には欠かせません。

　また、配信トラブル(音声が出てない、映像がダメ、見づらい、表示がかぶっている、ずれてる、など)はTwitterなどでリアルタイムで流れます。これらを適切に監視しておくことで、迅速なリカバリーが可能になることも多いでしょう。

・ネットワークスタッフ

　これは少々特殊なスタッフで、ネットワーク設備の弱い(というよりは制約の厳しい)箱物でイベントをやる時などに、ネットワークポートに制限のないフリーWi-Fiを立ち上げてくれたりするスタッフを指します。

　開発系のセッションではネットワーク環境の違いからデモがうまくいかない…といったケースもままあるので、こういったスタッフさんがいてくださるカンファレンスはありがたいですね。

・Webページ作成

　イベントページを作る担当です。タイムテーブルやスポンサー一覧、イベント情報、コミュニティ

チャンネルへの誘導など、カンファレンスのWebページに載る情報はかなりのものです。デザイン含めた担当者がいることでスムーズになる、見栄えがする等のメリットが生まれ、初めての人が参加しやすくなるかもしれません。時間や場所に制約されない、カンファレンスへのかかわり方の一つの形です。

　専任担当者をつけたり、フルスクラッチで作るのは大変なので、難しい/人手や時間が足りないなら、外部サービスを使うことを考えましょう。connpassやPeatixなど既存のイベント作成プラットフォームを活用すれば、手早く、かつある程度見栄えのあるものを作ることもできるので利用を検討してもいいでしょう。

　・セッションオーナー

　簡単には、セッションの司会進行をつかさどります。セッションオーナーの司会者としての役割は、登壇者の紹介、タイムキープ、質問を拾って投げかける、などです。

　ただし、単なる司会者よりはもう少し広い概念でとらえて、プログラム編成まで含む場合もあります。

　・スポンサーとのやりとり

　こちらも裏方ですが、スポンサーなど、外部とのやり取りです。代表名義で行う場合もありますが、イベント代表は何かと忙しいもの。スタッフ・事務局内で情報共有は確実に行いつつも、できる人が能動的に動くことで全体の負荷が下がりスピードが上がります。スポンサーは対企業の窓口になりますので、最低限の礼儀作法には注意を。といっても、堅苦しくなりすぎる必要はありません。

　・カンファレンスレポート執筆

　当日の様子を取材したり、感想をまとめたり、あるいは準備状況を適宜カンファレンス公式ブログ等に掲載するなど、広報的な役割も重要です。イベントを作っている姿、あるいは当日の内容などを見てカンファレンスに流入する人もいます。広報活動のいかんで（特に新規の）参加者数は変わります。「この前こんなイベントがあってね」という紹介を目にして「どんな感じかしら」とカンファレンスレポートを見に来る人もいます。

　・ノベルティ、グッズ担当

　イベントのノベルティやグッズ（名札や受付）なども分担して実施できるとよいですね。

　このように、さまざまな仕事があり、たいていのカンファレンスでは慢性的に人手不足です。聴講者として参加する、登壇者として参加するのももちろんよいですが、スタッフとして参加するという方法もあります。お祭りをみんなで作り上げる雰囲気は非常に良いものですよ。責任が生じる面もありますが、無理をする場所ではありません。基本的にみんな本業をもってスタッフ参加していますので、「できる範囲で」やればよいし、お互い手伝ってもらい手伝ってあげればOK。たいていのカンファレンスでは、常に門戸を開いているでしょう。飛び込んでみるのもいいものですよ。

14.2　どうやってスタッフになる？

　多くのカンファレンスではスタッフの募集をTwitterなどで告知しているので、気になった方は応募フォームから応募してみましょう。

当日スタッフを経験してみて、翌年のコア・スタッフとして参加するもよし、いきなりコア・スタッフに飛び込んでみるもよしです。

カンファレンススタッフも一つのコミュニティですので、普段参加している勉強会と同じ感覚で飛び込んでみましょう。最近では学生の方もスタッフとして活躍されているのを見かけます。関わり方は人それぞれです。スタッフ参加したからといって、「すべての責任を取らなくてはいけない」と思う必要はありません。「できる範囲で責任を持つ」というのが大原則です。仕事や家庭の事情で継続が難しくなった場合は、他のスタッフに相談しましょう。

オンラインカンファレンスが浸透してきたことで、時間や場所にとらわれずスタッフとして参加することができるようになりました。学生のスタッフの方も最近増えてきたように感じます。これができないとスタッフにはなれないということはありませんので、気になったところに飛び込んでみてください。

14.2.1　スタッフで得られるもの

カンファレンスを作るのも勉強会をするのもコミュニティ活動であることに変わりはありません。新たな人や知識との出会い、カンファレンスを作り上げる中で普段の仕事や一人では二の足を踏むような実験もできるかもしれません。

カンファレンスによってはレポート記事の寄稿など外部発信の機会があることもあります。普段経験できない体験ができるのも、カンファレンススタッフの醍醐味だと思います。

14.3　まとめ

オンラインでの開催も普通になった2021年、カンファレンス開催のハードルはこれまでよりぐっと下がってきました。興味のあるテーマで仲間と新しいカンファレンスを作ったり、これまで参加してきたカンファレンスにスタッフとして参加してみたり、カンファレンスでこんな事したら楽しいのにというアイディアを実現したり、スタッフとしてカンファレンスに参加してみるとこれまでとは違った新たな発見があるかと思います。

スタッフ参加のハードルは意外と低いので、興味がある人はぜひ飛び込んでみてください！

第15章 カンファレンス主催者/運営インタビュー

　本章では、いくつかのカンファレンスの主催/運営の立場にいる方にインタビュー形式で、カンファレンスの紹介、テーマ選定やカンファレンスの設計、あるいは参加者に向けてのメッセージなどをお伺いしました。

　主催者がどういう意図でテーマを設定しているのか、参加者の皆さんにどうなってほしいのか、などをぜひ感じてください。

15.1 「デベロッパーをスターに」Developers Summit（デブサミ）が目指していること 近藤佑子@kondoyukoさん

—自己紹介をお願いします

　近藤佑子@kondoyukoです。翔泳社にて、CodeZine[1]というWebメディアの編集長と、Developers Summit(デブサミ)[2]というソフトウエア開発者向けのカンファレンスのオーガナイザーとして関わっています。デブサミのコンテンツ面の取りまとめ役として、イベントのテーマを決めたり、セッションの企画を考えたりしています。例えば、今年のデブサミ（2021年2月）のテーマは、**We are New Normal**でした。テーマについては、社外のエンジニアからなるコンテンツ委員の皆さんと、今年一年をふりかえって、去年との違いや、あるいは何を伝えたいかといったあたりを考えてキャッチフレーズを挙げていき、そこからテーマに落とし込んでいます。また、コンテンツ委員さんとセッション選定もやっています。

—イベントの概要を教えてください

　デブサミは2003年から毎年開催しているソフトウエア開発者向けのカンファレンスです。毎年2月に東京・目黒のホテル雅叙園東京にて2日間にわたり開催してきましたが、2021年はオンライン開催となりました。セッション数は招待、公募、スポンサーセッションを合わせて70を超える規模です。参加者は数千人規模です。

　また、2011年より順次、地方開催としてデブサミ関西・福岡を、2012年からデブサミ夏、2018年からスピンオフとして若手エンジニア向けのDevelopers Boostというイベントも開催しています。

　毎回「自分はもう出し切った、これ以上いいものは作れないな」と思いながら作っていますが、年々、去年よりいいものになったな、と思えるイベントになっています。デベロッパーに聞いてほしい、さまざまな切り口のセッションを集めたイベントになっていると思いますので、一人でも多くの方に聞いてほしいですし、体験したことない方には体験してほしいです。

1.CodeZine　https://codezine.jp/
2.Developers Summit https://event.shoeisha.jp/devsumi

—聴講者にどうなってほしいか、などを教えてください

　デブサミ2021で初めて、デブサミのMission Vision Valueを言語化しました。これまでうまくまとまらなかったのですが、今回オンライン開催するにあたって、「これまでと同様には盛り上がらないのではないか」「協力してもらえないんじゃないか」という不安から、デブサミの社会的意義をとらえなおすことにしました。デブサミは、コミュニティベースのカンファレンスではなく、出版社/Webメディアをやっている企業主催のカンファレンスです。私自身も開発者ではない立場として「どんな意義があるのかな」と考えたとき、出版社が著者の知見の詰まっている書籍を全国の書店、読者の皆さんに届けるがごとく、デブサミも同じように「スピーカーの知見を広く遠くに届ける」役割を果たせるのではないかと考えました。さまざまな年齢層・会社にいる方、さまざまな地域にお住まいの方に、経験や情報を届ける役割・場所としたいと考えました。

図15.1: デブサミのMission Vision Value 出典：https://event.shoeisha.jp/devsumi

Developers Summitのミッション・ビジョン・バリュー

ミッション

デベロッパーをスターにし、世の中のアップデートを加速する

ビジョン

デベロッパーが日本一輝き、多様なデベロッパーが学ぶことができ、前向きなアクションが起こせるきっかけとなる

バリュー

- デベロッパーが知っておきたいトピックを俯瞰できる「学びの場」
- デベロッパーの発信を遠くに届け、高みを目指しあう「発信の場」
- 共通のテーマや場のもとに、自己や他者と向き合う「対話の場」

　ミッションとして、「デベロッパーをスターにし、世の中のアップデートを加速する」[3]を設定しました。これは、スピーカーがスターになるのはもちろんですが、セッションに参加した人がさまざまなデベロッパーの発信から影響を受けて前向きなアクションを取り、身の回りの人たち、会社のチーム、社会、家族、友達などから尊敬・尊重され、デベロッパーがスターとして輝ける、そしてそうした人が増えることで世の中のアップデートを加速するということです。

---

3. コロナ禍で開発者向けイベント／講座はいかにオンライン化したか？ Open Developers Conference 2020 Online #opendevcon (2020.12.19) https://speakerdeck.com/kondoyuko/planning-online-events-in-the-time-of-covid-19?slide=21

翔泳社プロダクトと開発者の成長ジャーニー（例）

成長のさまざまなフェーズで関わっていきたい

　デブサミに参加してからエンジニア人生が変わったという声をたくさん聞くようになりました。CodeZineやデブサミに触れた方が組織やコミュニティで前向きな行動を起こし、CodeZineの著者やデブサミの登壇者などになってくれることを願っています。

　今までは、いいデブサミを作ることが目標だったんですが、最近は、いいデブサミを作ることでデベロッパーがスターになり、世の中がよくなることを目指して(なかなか遠い道ですが)イベントを作っています。

―テーマの選定・設計について。特定技術によらないということで、自由度高すぎて苦労したりしませんか？

　デブサミのテーマ選定についてはカンファレンスでも発表した[4]ことがあるのですが、デブサミはセッション数も多いので、公募に応募してもらうにしても登壇を依頼するにしても、テーマが決まらないとイメージが湧かないので、テーマ設定は最優先です。1年間の状況をイメージして、デベロッパーとしてどんなことができるか、どんなメッセージを届けたいのか、をコンテンツ委員と一緒に考えています。デブサミ関西では関西エンジニアに伝えたいことを特に意識する、2月のデブサミではメッセージ性を強くする、デブサミ夏ではDXのようにその年ならではのキーワードを据えて掘り下げるといった形で、イベントごとに少しづつ変えています。また、一言で覚えられる、説明しやすいテーマであることを重視する、「今」を表すことには留意しています。他には、サイトで使用するキービジュアルもあわせて検討したり、サイトのデザインも、親しみが持てるようにカッコイイよりかわいいを意識したりしています。

---

4. 編集者視点でのテックカンファレンスの作り方 DEVREL/JAPAN CONFERENCE 2019 (2019.09.07) https://devrel.tokyo/japan-2019/speakers/kondoyuko/

——イベント設計として気を遣っているところ、楽しむために気を使っているところはありますか？

　特定技術・特定テーマによらないカンファレンスなので、幅広い方が聴講対象者となるようなセッションを意識しています。よく「デブサミってとがったセッションないよね」といわれることもあるのですが、幅広くても聴き応えがあるような、例えば深い前提知識を必要としない事例セッションなどを設けるなどの工夫をしています。

　またコロナ禍ということもあり、オンライン開催、オンラインならではの可能性を模索し続けた2020年度でした。リアルタイムのやり取りをいかに盛り上げるかという観点で試行錯誤を行い、デブサミ夏でのチャットを活用したディスカッション、デブサミ2021でのオンライン空間EventInを利用したAsk the Speaker/ブース/懇親会の実施など、新しいチャレンジを行っています。

　さらに、これまで各地のエンジニアが学べるようにデブサミの地方開催や、また若手のためのイベントDevelopers Boostを行ってきましたが、振り返ってみるとこれらのチャレンジは、Mission Vision Valueのところで話したような、多様な方にデベロッパーの知見を届ける取り組みだったのではと思います。今後も多様なデベロッパーが学べるように、新たなイベントを企画中です。

——イベント参加者が盛り上げてくれるためにこうしてほしい

　もちろんTweetもしてほしいですし、チャットも書いてもらいたいですが、デブサミ2021で設けたEventInのような、セッション以外の企画・スペースにぜひ入ってほしいです。ハードル高いと思われるかもしれませんが、コロナ禍で得づらい、新たな人や技術と出会う機会になると思います。「アウェーでどうしよう」と思ったときにどうするかはなかなか難しいところはありますが、登壇者やブース、交流会などに、聞き専でも構わないので近くに行ってみるのがおすすめです。イベントで発信している方、ブースでたくさんの方と出会いたいと思っている方は、話しかけてもらえることを心待ちにしています。

　また、オンラインイベントだと仕事をしながら参加される方も多いと思いますが、仕事の手を止めてセッションに集中することでより学びが深くなることと思います。なかなか休みを取って参加してほしいとは言いづらいですが、オフラインカンファレンスだと業務扱いで参加できたように、カンファレンスでの学びが最大化できるような企業の取り組みが増えるといいなと思います。

——なぜ運営として参加しているんですか？

　デブサミのオーガナイザーのポストが空いたとき、カンファレンスが好きなことと、カンファレンスでボランティアスタッフ経験があること、いろいろなコミュニティに参加したり登壇したりしていたことから、自分に向いてるんじゃないか、ぜひやらせてください、と手を上げました。そもそも編集者という立場でなぜカンファレンスやイベントに関わるのかというところが、この問いの答えになるかもしれません。

　翔泳社に入社してすぐ、2014年頃に女性エンジニアイベントTechGIRLに参加して、今でもずっと仲良くしていただいている方々にたくさん出会うことができました。そこから、カンファレンスや勉強会によく行くようになりました。そこでエンジニアさんとのつながりを増やし、そこから執筆や登壇の依頼をするなど、仕事に活きることが多かったですね。また、コミュニティでエンジニアが楽しそうに登壇、執筆している姿を見て、自分もやりたくなるという経緯で、今度は参加する

だけではなくアウトプットする側として、エンジニアコミュニティとの関わりが増えていきました。

技術書典6で、初めて個人サークルとして参加し、その後の再販Nightで「踊る編集者」というタイトルの登壇[5]をしました。このタイトルは「踊る阿呆に見る阿呆、同じ阿呆なら踊らにゃ損々」という阿波おどりの一節から取ったのですが、エンジニアが楽しそうにしていることを見ているだけじゃなく一緒に踊る、そうして自分の本分である編集者としての気付きを得ていく。そういう観察者と実践者を行き来するようなあり方を表現して、今も気に入って使っています。

現在はカンファレンスで学んだところを仕事で還元したいということで、仕事以上のモチベーションで取り組んでいるつもりです。ただし、コミュニティによるカンファレンスで、ボランタリーベースで関わられているエンジニアの方には頭が上がらず、私はそれ以上の価値が出せているか、常に自問自答しています。

—おススメのカンファレンスがあれば教えてください

2020年に参加したものだと、Scrum Fest Osakaが特に印象に残っています。関わっているコミュニティでセッションを持っていたので企画側で参加したのですが、スクラムやアジャイルにゆかりのある19コミュニティがオンラインで一堂に会するイベントです。雰囲気がすごくあったかくて、トラブルがあっても参加者同士でサポートしあうような感じが心地よく、楽しかったです。

https://www.scrumosaka.org/

15.2　イベントを盛り上げてIT業界を良くしていきたい　藤崎正範 @fujisaki_hb さん

—自己紹介お願いします

ハートビーツの藤崎@fujisaki_hbと申します。私の場合は、JulyTechFestaとInternetWeekに関わらせて頂いています。

July Tech Festa は、「インフラエンジニアの祭典」という位置づけで、みんなで集まる楽しいお祭りをやりたいという思いからスタートしました。当時、InfotalkというIT勉強会をやっていたAIITの小山教授の呼びかけで開催する運びとなりました。昨年からはオンラインに切り替え、継続して開催していこうとしています。July Tech Festaは、完全にボランティアの集まりなので運営メンバーが力尽きるとそこまで、という状況の中、何度かの開催危機を乗り越えながら継続しています。

InternetWeek は、JPNIC さん主催で長年開催されている由緒正しきカンファレンスです。インターネットを支える基礎的な内容から、最新のセキュリティ事情まで幅広くプログラムが組まれているのが特徴で、なんと名前のとおり1週間ほど開催されます。以前、登壇させていただいたことをきっかけに私の参加している業界団体で後援したり、プログラム委員として協力させていただいています。5年ほどプログラム委員として活動していて、エンジニアリング組織、運用組織まわりのプログラムを積極的に担当しています。

---

5. 技術同人誌再販 Night ★#4 #技術書典 の技術書が集合＆ LT 2019 年 5 月 13 日　https://techbook-and-ethanol.connpass.com/event/127154/

―イベントの概要を教えて下さい

July Tech Festa　https://www.techfesta.jp

「July Tech Festa」の名前の由来は、7月30日が「システム管理者の日」ということで、そこから July を頂いて July Tech Festa と名付けられました。会場や運営の都合の関係で必ず7月に開催できてきたわけではありませんが、単に開催月をイベント名にしたわけではないので、いつやっても July Tech Festa の名称で開催されています。JTFは有志のボランティアによる運営で、初回は2013年7月。次回の2021年7月18日(日)に、第10回目の開催を予定しています。毎回40人前後の登壇者が居て「はじめての登壇がJuly Tech Festa だった」という方も多いのも特徴です。CFPに応募し採択されたら誰でも登壇でき、初心者でもチャレンジしやすい雰囲気のイベントです。次回は「#今さら聞けないIT技術」と題して開催されます。

Internet Week　https://internetweek.jp

一般社団法人日本ネットワークインフォメーションセンター（JPNIC）主催の有料のカンファレンスです。インターネットに関する技術の研究・開発、構築・運用・サービスに関わる人々が一堂に会し、主にインターネットの基盤技術の基礎知識や最新動向を学び、議論し、理解と交流を深めるためのイベントです。また、「Internet Week」で得られたものを、ご自分のフィールドで役立てていただくことにより、インターネットの普及・促進・発展に貢献する（繋げる）ことを目的としています。

こちらも新型コロナ対応でオンラインに切り替え開催されています。前身となる「IP Meeting」が 1990年にスタート。その後、1997年より Internet Week という名称に変更し開催されています。2021年も7月にInternet Week ショーケース、11月にInternet Week 2021として準備を進行中です。
https://internet.watch.impress.co.jp/docs/special/1028211.html

―なぜ運営として参加しているのでしょうか？

私の場合は、たまたま両方とも声をかけていただいた、という流れです。インフラエンジニア勉強会hbstudyを頑張って運営していたこともあって、スタッフやりそう、好きそう、という雰囲気が出ていたのかもしれません（笑）。運営として参加するのは結構大変なので、他のスタッフの方々に助けていただいてばかりのときもありますが、それでも続けられているのは「IT業界を少しでも楽しい業界にしたい」という思いがあります。

どうしてそういう思いがあるのかというと、私はIT業界には一人でも多くの優秀な人材が必要だと考えています。そのためには、IT業界がやり甲斐があり楽しそうでないと、優秀な方は他の業界にいってしまいますからね。そういう思いがあるので、カンファレンスの参加者や登壇者、運営の人たちには、ぜひ楽しんで頂きたい、私も楽しみを見つけながらやっていきたい、と考えています。色んなカンファレンスがあってもよいのですが、私の好みは、参加者・登壇者・運営が楽しんでいこうとしているイベントで、そんなイベントに近づいていけるよう意識しながら運営に参加しています。

インフラエンジニア勉強会 hbstudy　https://twitter.com/hbstudy

—テーマはどうやって決めていますか？

　基本的に、カンファレンスの運営メンバーでディスカッションしながら決めていきます。私がテーマ決めの際に意識していることは、今のIT業界でどんな内容が求められているのか、という点です。

　たとえば、JTF2020では、新型コロナウイルスの関係で初のオンライン開催に切り替えざるをえませんでした。劇的な変化が起こっている状況で、どういうテーマで開催するのがいいのか議論を進めていきました。世の中が、いわば、強制的にリモートワークが必須の世界になったわけですが、その中でIT業界の皆さん、試行錯誤しながら適応していると考えたんです。なんのために試行錯誤しているのか、と考えたときに、僕らが努力していることって、未来のために僕らのエンジニアリングライフを拡張してるんだな、と思いました。それをより推進していくテーマがいいのではないかという話になり、この方向性でディスカッションの場がまとまってから、これをどう表現しようか、という議論に移り、試行錯誤を経て「Extend Your Engineering Culture!」という表現にしよう、いつもの技術ネタに加えて、このコロナ禍でみんなの試行錯誤を共有できる場にしていこう！というようにテーマが決まっていきました。

　テーマをどうするか考える際は、その年の運営メンバーでさまざまな視点からディスカッションされますので、毎回、考え方が若干違います。ただ、そこには「運営メンバーの思いがある」ということを意識していただけるとカンファレンスを別の角度から楽しんでいただけるかもしれません。

　余談ですが、このテーマ次第で、CFPへの応募数や応募内容が変わります。特にCFPへの応募数には影響が顕著で、正直、今回はうまく気持ちが伝わらなかったなー、という年もあります。そういう場合は、運営メンバーは必死こいてプログラムを集めることになりますが、これはまた別のお話ということで（笑）。

　話を戻しますと、このように運営に参加しているとやり甲斐として、「思い」をイベントに反映できるということがあげられます。また、その「思い」を持った人たちの集まりの中で共に活動することで、エンジニアとして、社会人として、人として、学ぶことも多々あります。

—一般の参加者に向けてコメントお願いします

　オフラインのカンファレンスの場合は、足を運ぶのは大変だけど、「現地参加」ならではの楽しみ方があると思います。単に登壇者の話を聞いて、その内容を持ち帰るだけではなく、カンファレンスの他の参加者はどんな人達なのか、スポンサーブースでスポンサーは何をPRしているのか、配布されているノベルティで欲しいものはないか、懇親会でできる横のつながり、などなど、色んな楽しめるポイントがあります。

　また、自分にとって全てのセッションが有益だとは限りません。でもそれでいいんです。私が若い頃、とある業界の先輩が飲みながらこう言ってました。「カンファレンスにいって、聞きたいところだけ聞いて、あとは仕事をする。全部が自分に有益とは限らないわけだから。むしろカンファレンスで仕事をするのが捗る。」と。この方の性格もあるとは思いますが（笑）、一理あると思っています。どのプログラムも聞いてみたら想定した内容と違うかもしれないし、持ち帰れるものがあったらラッキーなんですが、仕事中に開催されるカンファレンスだと、持ち帰るものがないと仕事としては行きづらい、と真面目な方ほど思いがちですよね。その気持ちはとても共感します。でも、冷静に考えて、運が悪いこともあるわけなので、まずはカンファレンス会場に足を運んでみないこ

とには、その結果はわかりません。「迷ったら参加してみる、かならず拾い物があるとは限らない」くらいの気持ちで参加するとよいですし、IT業界ではそれがしやすい職場環境が多いと良いなぁと思っています。

　ここ一年でいうと、急にカンファレンスのオンライン化が進みました。今の時点では、まだまだオンラインイベントが大半を占めている状況ですが、オンラインのカンファレンスの場合は、会場に行く必要がなくなった分、作業をしながらラジオ感覚で動画を流せるようになったことが挙げられます。そして距離の問題も無くなりました。地方からでもカンファレンスに気軽に参加できる。そしてカンファレンス費用も場所代が減った分、無料だったり安くなったりしているという印象です。

　オンラインのカンファレンスは、物理制約がなくなった分、自由度があがっていますが、登壇者は相手の顔が見えない中で登壇しないといけなかったり、イベントの盛り上がりを場の空気を直接感じることができなくなりました。なんとか参加者の声を掴もうと、運営もtwitterやslido、Miro、Googleフォームなどを試行錯誤しながら使っている状態です。その場その場で最善と思える方法を選び活動していく中で、参加者にお願いしたいのは、ぜひ「運営から指定された各種ツールを使い、登壇者や運営に、反応をしていただけるとありがたい」です。登壇者も運営も、参加者の皆さんに少しでも良い体験をしていただきたいと思いながら、登壇資料をつくったり、開催準備をしています。楽しかった、参加してよかった、勉強になった、のようなポジティブなフィードバックをいただけると、大変だったけどやってよかったー！という気持ちになりますし、改善点など気づいて頂ければ次回の開催時に改善することができるかもしれませんのでありがたいフィードバックとなります。

―盛り上げるためにこうしてほしい！を教えてください

　まずは、とにかく楽しんでほしいです。イベントが始まる前でも、気になるプログラムへの期待のツイートも嬉しいです。良いと思ったセッションは是非あちこちで宣伝してもらえると更に嬉しいです。登壇者は皆さんのそんな反応を見ながら、資料の準備をします。期待に応えたい、という思いが、より良い発表につながると信じています。

　次に、少しでもよいのでどこかにアウトプットしてもらえるとありがたいです。特に登壇者は、オンライン化で参加者の顔が見えない状態なので、話した内容が伝わっているかがわからない、という不安を感じています。得た学び、驚いた、初めて知った、なるほどなと思ったたこと等を、社内向けに紹介するも良し、tweetするも良し、ブログを書くも良し。可能であれば、登壇者の目につくところが良いです。些細なお礼でも登壇者は嬉しくなりますし、頑張ってよかった！と感じます。そして「また登壇しよう！」と次の登壇に対してモチベーションが高まりまります。

　そして、もし運営に興味を持ったなら、いっそ運営に入ってもらえると嬉しいです！（だいたいどこも常に人手不足なので……）

15.3　今だから立ち上げた!「あじゃてく」

―あやなるさん、こんにちは。よろしくお願いします

　こんにちは。Agile Tech EXPO[6]と Agile Japan[7]の運営をしておりますあやなるです。よろしくおねがいします。

図15.3: Agilejapan 2021

―アジャイルのカンファレンスを2つ運営されているんですね。

　はい。特に、Agile Tech EXPO は、コロナ禍にオンラインで立ち上げて、これから育てて行きたいと意気込んでいるカンファレンスです。正式名称がちょっと長いので、「あじゃてく」と略して呼んでください。

　他にも、企業主催のテクノロジーカンファレンスを運営したことがあったり、社内やコミュニティのエンジニア勉強会を運営したり、開発現場で働く方々の学びの場づくりを日々しております。

―あじゃてくはどのようなカンファレンスなのですか?

　「"Agile x Technology"（アジャイルとテクノロジー）をコンセプトに、オンラインでどこからでも気軽に無料で参加できるイベントを開催したい」

　「日本中、世界中どこにいても参加ができ、エンジニアだけでなくあらゆる職種の方や学生も集まれるようなコミュニティーを作りたい」

　そんな想いで、Agile Tech EXPO を立ち上げました。EXPO という言葉は、あらゆるジャンルのたくさんの人やものが、集まって交流しているイメージで使っています。

　・アジャイルに大切なこと

6.Agile Tech EXPO 2021 年 1 月 23 日開催。 https://202107.agiletechexpo.com/ 次回は 7 月 10 日開催予定。

7.Agile Japan 2021 年 11 月 16-17 日開催。https://2021.agilejapan.jp/

・アジャイル開発に必要なテクノロジー

・刺激をもらえる最先端のテクノロジー

あじゃてくは、この3つを軸に、コンテンツを決めております。開発現場で働く方々が、アジャイル開発を実践するためのテクノロジーを学べるセッションや、アジャイルを知らない方々がアジャイルの根本を知れるようなセッションを提供していきたいと考えています。

―何故コロナ禍という難しい時期に、新たにカンファレンスを立ち上げたのでしょうか？

おうちにいても新しいことが学べたり、交流できるような場を作りたかったからです。「コロナだからカンファレンスできないね……」という状況にしたくなくて、「オンラインだからどこからでも気軽にカンファレンスに参加できるね！」という文化を作りたかったんです。

6人のオーガナイザーで企画会議も当日の運営も全てオンラインで実施し、オンラインだけでも運営ができることを証明しました。参加者の方々も、オンラインだからこそ気軽に参加ができ、いつでもどこからでも交流できるようになりました。半年に一度の600名規模のカンファレンスの開催に加え、不定期で80名規模のミニイベントも開催しています。毎回同じDiscord（コミュニケーションアプリ）を使っていて、カンファレンスの度に集まれる場となってきました。

あじゃてくのDiscordが、みなさんが「帰ってこられる場」と感じられるような、日々集まりたくなる居場所となれることを目指して、コミュニティを運営しています。オンラインの特性を活かして、新しいカンファレンス、新しいコミュニティの形を目指しています。

―カンファレンス当日は、参加者の方々にはどのように参加して欲しいですか？

あじゃてくに限らずですが、オフラインのカンファレンスよりもオンラインの方が、今までカンファレンスに参加したことがあまりなかった方々にとっても参加しやすいのではないかと思います。少しでも興味を持ったら、申し込んでみたり、ちょっとでも覗いてみるというような一歩を踏み出してみて欲しいです。

徐々に慣れてきた方やすでに慣れている方は、一緒にカンファレンスを盛り上げてくれると、運営としてはすごく嬉しいです。懇親会にいつも参加してくれたり、DiscordやTwitterでたくさん投稿してくれたり、質問できる場面等で発言してくれたり、カンファレンスは参加者の方々によって支えられてることばかりなので、みなさんの積極的な行動にいつも感謝しております。

そして何より、参加者同士で積極的に交流して欲しいです。意見交換をしている中で、悩みが解決したり新たな学びに繋がることがあるとよく聞きます。あじゃてくをきっかけに、情報交換し合える友人やアドバイスをくれる先輩、同じ問題に立ち向かっている同志に、参加者の方々がそれぞれ出会えたら嬉しいなぁと思います。

―あじゃてくのイベント設計として、参加者同士の交流を促すために、気を使っているところはありますか？

Discordを中心に、参加者とスピーカーとスポンサーの交流がなされるよう、さまざまな仕掛けをしています。

Discordでは全員がテキストでコミュニケーションをとれるのですが、使い慣れていない方もいるので、必ずイベント中にみんなで使ってみる時間を設けるようにしています。そこでみんなで練

習してみることで、その後の書き込みもしやすくなると思っています。

Discordには音声で会話ができる機能もあるので、休憩時間にはそこで音声によるコミュニケーションが進むように工夫しています。スピーカーと話せる場を用意したり、スポンサーにはミニセミナーを開催してもらい、一緒に盛り上げてもらったりしています。

講演はZoomというWeb会議ツールで上映するのですが、Zoomの方が使い慣れている方が多いので、休み時間中はZoomでも雑談部屋を開いたりしています。Discordが苦手な方はこちらに残っていることもありますが、最近はみなさん慣れて来て、減ってきました。

Zoomはブレイクアウトルームという機能があるので、その機能を活用して交流を促すこともあります。参加者の方々を少人数の画面に分けることができ、各ルームで交流してもらっています。大人数の中だと発言しづらくても、少人数だと発言しやすくなるので、交流が自然とされて、とてもいいです。

—参加者の方々には、カンファレンスでの体験をどう活かして欲しいですか？

参加することだけではなく、参加した後にどう行動するかがとても大切だと思います。学んだことを早速自分で使ってみたり、同僚に共有してみたり、とにかく行動してみて欲しいです。

また、カンファレンスで繋がった人たちと交流を続けたり、ネットで調べたり、本を読んだり、カンファレンス以外でも学び続ける姿勢が大切だと思います。

カンファレンスは、「やってみよう」という意欲を駆り立ててくれる貴重な場だと思っています。でも、そこから行動に繋げていけるかどうかは自分次第です。

あじゃてくのオーガナイザーたちも、参加者の方々がセッションの視聴や交流によって刺激を受け、「やってみよう」と踏み出すサポートができたらと願っています。

—これを読んだみなさんも、「やってみよう」とカンファレンスに参加してみてもらえると嬉しいですね。ありがとうございました。

そうですね！ありがとうございました。

15.4　最初から最後までふりかえりに満ちた「ふりかえりカンファレンス」

こんにちは。森（びば@viva_tweet_x）です。

2021年4月10日（土）に『ふりかえりカンファレンス[8]』を開催しました。日本で（多分）初となる『ふりかえり』に特化したカンファレンスです。

この記事では、ふりかえりカンファレンスの発起人であり、スタッフであり、登壇者でもあり、参加者でもある私の目線で、ふりかえりカンファレンスをふりかえっていきます。この記事を読んで、カンファレンスに参加した皆様だけでなく、ふりかえりに興味を持っている人にも、カンファレンスの楽しさが伝われば嬉しいです。

---

8. ふりかえりカンファレンス 2021年4月10日　https://retrospective.connpass.com/event/203149/

図15.4: ふりかえりカンファレンス

ふりかえりカンファレンス (2021/04/10 09:45〜)

参加者・登壇者・スタッフの皆様にとっては、この記事によってカンファレンスを思い出し、ふりかえる一助となれば幸いです。

（読むのに必要な時間：10分）

15.4.1 『ふりかえり』に溢れたカンファレンス

> ふりかえりカンファレンスは、ふりかえりを実践している方々、ふりかえりに興味がある方々に向け、マインドセットや新しい手法の提案などに加えて、ワークショップでふりかえりを体験できるカンファレンスです。
> 全世界どこからでも参加ができ、エンジニアに留まらず、どんな職種の方でもどんな業界の方でも、学生も、どなたでもご参加いただける、交流の場を目指しています。ふりかえりを体験したい方、お気軽にご参加ください。(connpassより引用)

上述のとおり、ふりかえりをテーマにした、ふりかえりに関わる人、ふりかえりに関わりたい人のためのカンファレンスです。

オンラインで行われ、一般参加113名、登壇者19名、スタッフ12名の計144名にご参加いただきました。参加いただいた皆様、本当にありがとうございます。

セッションは『インプットレーン』『アウトプットレーン』の2つのレーンに分かれ、進行していきます。

『インプットレーン』はふりかえりの事例、ファシリテーション方法、マインドセットに関するセッションを中心に集め、『聞いて学ぶ』ことに特化したものを集めています。『アウトプットレーン』はふりかえりの手法の実践、新しい手法の提案、ワークショップなどを集め、『実践して学ぶ』ことに特化したものを集めました。

2つのレーンに分けることで、こうしたカンファレンスに初めて参加する人にとっても、慣れている人にとっても、参加の目的に応じて自由にセッションを選択できるようにしたかったという想いからこのような構成にしました。

セッションは以下のような分類となりました。

・オープニングキーノート（60分）　1件
・LT（5分）8件

- ・講演（20分）4件
- ・講演（45分）2件
- ・ワーク（10分）2件
- ・ワーク（20分）3件
- ・ワーク（45分）2件
- ・クロージング収録（60分）1件

LT・講演は、時間いっぱい講演を聞くという形式。

ワークは「講演＋ワーク」という形式になっており、参加者が実際にふりかえりを体験するような内容です。

ただ、講演セッションにも、参加者とのインタラクションを取り入れたものも多く、参加者に実際にふりかえりを体験できる場もありました。

全セッションがふりかえりの要素（学び＋体験）が詰まっているセッションであり、参加者にとって新しい発見が生まれたり、過去をふりかえるきっかけになったと実感しています。

また、このカンファレンスの最大の特徴は『ふりかえり』がセッション後に必ず組み込まれていることです。

セッションの合間の休憩の時間は『ふりかえり＆休憩』です。

図15.5: ふりかえりカンファレンスのタイムテーブル

時間	インプットレーン	アウトプットレーン
09:30-09:45	開場	--
09:45-10:00	オープニングトーク	--
10:00-11:00	キーノート/平鍋 健児さん	--
11:00-11:10	ふりかえり&休憩	ふりかえり&休憩
11:10-11:30	(20分)ファシリテーターとして、文化を変えるアクションアイテムとの向き合い方/田中 亮さん	(50分)★ふりかえり支援ツールを用いたリモートふりかえり会のファシリテーション方法の提案/天野勝さん
11:30-11:40	ふりかえり&休憩	〃
11:40-12:00	(20分)チームに合うふりかえりを見つけるまでの試行錯誤と変化の歴史/よこなさん	〃
12:00-13:00	ふりかえり&ランチ	ふりかえり&ランチ

セッションの合間に
ふりかえりをみんなでしましょう
目安：3分～5分

セッションが終わるとすぐに、参加者全員でセッションのふりかえりをして、学びや気づきを共有する場があります。カンファレンス共通のMiroボードに集まり、セッションのふりかえりを書いていくのです。

図15.6: Miroでみんなでふりかえる

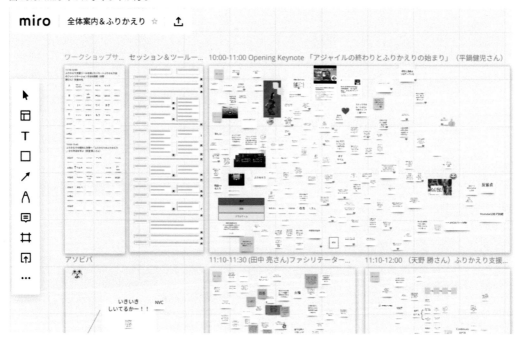

　そして、最後に行われるのは『クロージング収録』という名のカンファレンス全体のふりかえりです。『ふりかえりam[9]』のパーソナリティであり、カンファレンススタッフでもある森・KANEの2人で、インプットレーン・アウトプットレーンの全セッションをふりかえります。

　参加者全員にカンファレンス全体のふりかえりを『ファン・ダン・ラーン (FDL)[10]』で行いました。この人数全員でふりかえるのは圧巻の一言です。

9. ふりかえりam https://anchor.fm/furikaerisuruo/

10. ファン・ダン・ラーン (FDL) ふりかえりボード https://qiita.com/yattom/items/90ac533d993d3a2d2d0f 2018年10月31日投稿　2021年8月14日閲覧

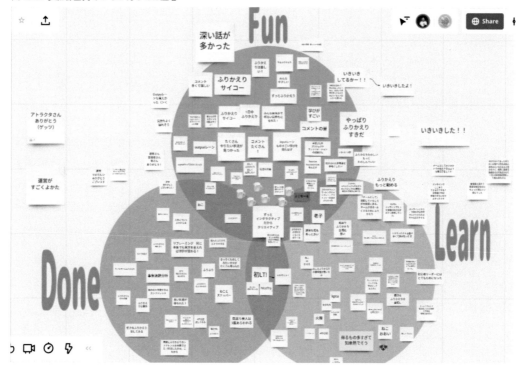

　また、1日のセッションすべてを私たちがふりかえる様子を聞きながら、記憶を引き出し、結びつけ、再構築していきます。

　こうして、ふりかえりのことをひたすら学び、ふりかえりを細かく繰り返し、最後にふりかえりをして、次につなげていく。そんな1日が過ぎていきます。

　また、カンファレンスの1週間後には「公式後夜祭」として、ふりかえりカンファレンスを参加者で改めてふりかえる機会もあります。ふりかえりで始まる、ふりかえりで終わる。そんなカンファレンスが『ふりかえりカンファレンス』です。

15.4.2　ふりかえりの楽しさ・奥深さを伝えたい

　このカンファレンスは、私が2年間、夢に見てきたもののひとつでした。

　「ふりかえり」に特化した話を一日中話したい。

　聞きたい。

　実践したい。

　そして一緒に語らいたい。

　そんなカンファレンスを開いてみたい。

　この想いは、実は2019年から心のうちに秘めていました。

　きっかけだったのは、当時私がよく参加していたDevLOVEというコミュニティの10周年イベン

トである『DevLOVE X[11]』。

　さまざまな道で活躍されているスペシャリストたちが発表する、まさにお祭りでした。

　その頃、私は『ふりかえり実践会[12]』でふりかえりを実践できるワークショップを定期的に開催したり、『ふりかえり読本 場作り編〜ふりかえるその前に〜』を書き上げて「楽しいふりかえり」を世に広げるために尽力していました。

　そんな中で「DevLOVE X」が開催される情報を目にしたとき、私の中にある思いが浮かびました。

　私もお祭り感のあるイベントを開きたい。私が愛している「ふりかえり」で、これだけの人たちが集まるようになったら、どんなに素晴らしいことだろう。私も彼らのように誰かに影響を与えられるようになりたい。そしてそれが「ふりかえりって楽しいんだ」という思いを抱いてくれたら最高だ。

　当時の私には「カンファレンスを企画する」ことに、自分にできるのだろうかという不安、人が集まるのだろうかという不安など、不安でいっぱいでした。

　これらの想いは誰にも言わずに、そっと閉じ込めていました。

　そうして時が経ち、『ふりかえり実践会』のイベント実行回数も増え、イベント企画にも慣れていったり、『Regional Scrum Gathering Tokyo[13]』や各地での『スクラムフェス[14]』に参加して、さまざまな人たちと関わりを広げていくうちに、「この人たちに想いを伝えれば、実現できるかもしれない」という想いが強くなっていきました。

　また『ふりかえりam』で何十時間も一緒に収録を続けてきたKANEさんと一緒なら、きっとなんとかなるだろうという信頼もありました。

　そうして「やってみようかな」という想いを伝え、生まれたのが『ふりかえりカンファレンス』です。

15.4.3　カンファレンス企画時から「ふりかえり」を大切にしていく

　ふりかえりカンファレンスはこんなふうに始まりました。

11.DevLove X 10周年記念イベント　2019年6月22日開催　https://devlove.doorkeeper.jp/events/78730
12. ふりかえり実践会　https://retrospective.connpass.com/
13.Regional Scrum Gathering Tokyo https://2021.scrumgatheringtokyo.org/
14.SCRUM FEST OSAKA 2021 https://www.scrumosaka.org/

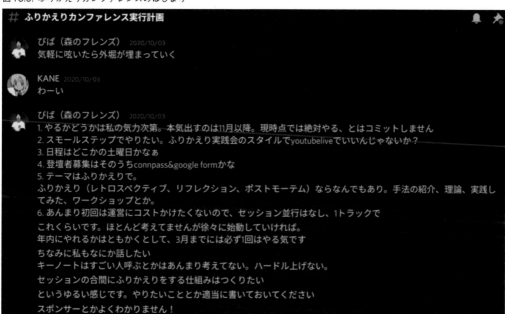

最初に『ふりかえり実践会のDiscord』で想いを伝え、カンファレンス企画・運営に興味のある人を募りました。当時は私が『ふりかえりガイドブック』の執筆で忙しかったのもあり、ベストエフォートで無理なく、スモールスタートで、を信条にして、それを伝えています。

そうして集まってくれた仲間と、最初のミーティングをZoomで行い、HackMDでメモを書き連ねながらカンファレンスの企画をスタートさせました。

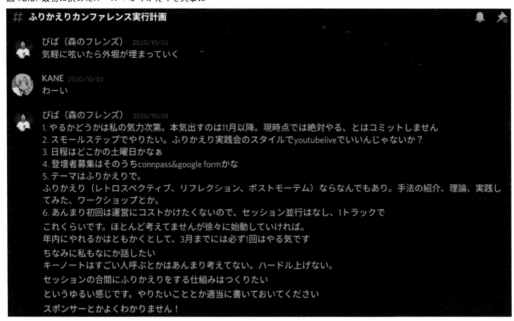

最初に全員で決めたルールは、こちらです。

ミーティングの最後には、必ず楽しくふりかえる。これがチームの中心となったルールです。毎回21時にミーティングを開始し、23時に終わる。そんな流れを毎回続けていく中で、21時40分ごろからはふりかえりが始まります。

ミーティングのふりかえりでも「必ず改善しなきゃ」ということもなく、楽しくふりかえりを実践することに注力していました。

全13回行われた運営のミーティング。約26時間の中で、ふりかえりカンファレンスの形が徐々にできあがっていきました。

ふりかえりの中でも、新しい手法が生まれていきました。みんなでふりかえりのやり方をさくっと話し合って、新しい手法を生み出すときには生み出して、HackMDに書いていき、自発的に共有する。その場で新しいActionやバックログが生まれたら、すぐに実行するか、積んでおく。

そんな形で、計13回のふりかえりをしながら、ふりかえりカンファレンスは生まれていきました。

15.4.4　カンファレンス企画・運営はアジャイル・スクラムな形で

ミーティングにはMiroのボードを使いながら進めていきました。

図15.10: 企画・運営のMiroの全体像

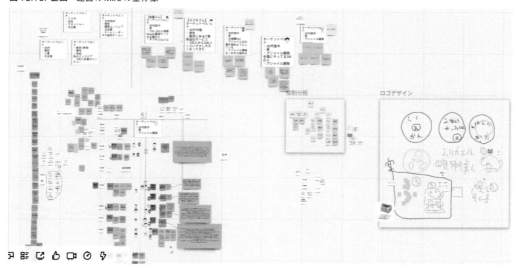

　左の縦長のものがバックログ。毎回打ち合わせの最初に「今後何をすべきか」というバックログを挙げる『プロダクトバックログリファインメント』を行い、「今日何をするか」という『スプリントプランニング』を実施し、打ち合わせの情報はすべてMiroに書き残していきます。そして打ち合わせの最後には『次回以降何をすべきか』が見えてくるので、改めて『プロダクトバックログリファインメント』を行い、最後に『ふりかえり』をして終了。実際にはスクラムでやる、スプリントを重ねる、という意思共有は何もしていませんでしたが、自然とこうした形で進めていきました。

　カンファレンス運営が初めてのメンバーも多く、分からないことも多かったのですが、他のカンファレンスの情報を参考にしてみたり、経験者から話を聞いてみたりしながら、自分たちのできる範囲を次第に広げていきました。

　ミーティングも、ミーティング外の参加や活動はベストエフォートです。ミーティングのなかでモブで進めていくのが基本で、ミーティング外で何かを積極的にした、というのはあまりなかったように思います。

　私も全13回のミーティングのうち、2回はお休みして他の方に進めていただきましたが、いい感じに進んでいました。ありがとうスタッフの皆さん。

　スタッフが互いに信頼しあって、自分のできる範囲を無理なくやる、という「長所を活かし合う」スタイルが、運営でうまくいったポイントかなと思います。

　なお、あとで運営そのものをふりかえれるかな、とも思い、ミーティングの様子はすべてZoomで録画してYoutubeに上げています（※スタッフ限定でURL公開しています）が、こちらはいつか使われることになるかもしれません。

15.4.5　そして、ふりかえり溢れるカンファレンスになった

　そして当日。

　スタッフの献身的な協力、参加者の盛り上がり、登壇者の素晴らしい発表。これらが化学反応を

起こし、すばらしいカンファレンスを行うことができました。

図15.11: ふりかえりカンファレンスのみんなのふりかえり全体像。全体像が大きすぎて、キャプチャが取れない。

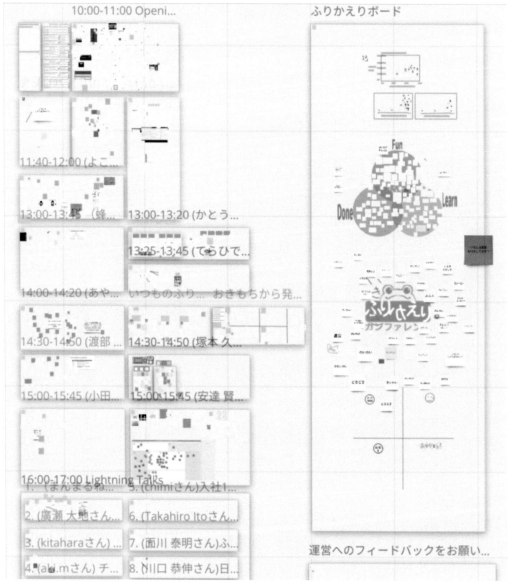

来年もやりたい。そんな気持ちが出てきたため、来年の開催もする予定です。

今回の登壇者の皆さんにもじっくりお話を聞かせていただきたいとも考えていますので、今後ふりかえりamで登壇者の方に再演していただく機会を作らせていただきたいと思います。

15.4.6　ふりかえりの楽しさを、広げる。

今後も、私や『ふりかえりカンファレンス』では、ふりかえりの楽しさ・奥深さを広げていきま

す。ぜひ、みなさんにも、「こういうふりかえりをしてみた」「楽しいやり方を見つけた」「こういう考え方もあるよね」といったものが見つかったら、発信してみてください。

ふりかえりの世界が、これからも広がっていくのを楽しみにしています。

あとがき

この本を手にとっていただきありがとうございます。

2021年1月某日、KANEさんより「カンファレンス参加を後押しするような本」を作りたい、という相談を受けました。ふたつ返事で編集長を受けることにし、ただちに執筆の準備や企画の詳細を詰めはじめたのは我々の通常運転です。

さて、コロナ禍の昨今において、さまざまなカンファレンスがオンライン開催に場を移しました。2020年は中止といった判断が多かったのですが、徐々にオンライン開催が増えてきています。開催の形態が変わったことで変わった部分、変わらない部分がありますが、たくさんの人にさまざまな知見を届けたい、共有したい、技術や界隈を共にする人達との交流を深めたいという主催者の思いは共通だと思います。

カンファレンスは主催者、登壇者がいないと成り立ちませんが、一般参加者がいなくても成り立ちません。

この本のテーマである、「カンファレンス参加を後押しする」という観点でさまざまなトピックスをまとめることができました。カンファレンス参加の意義、学びを深めるためのテクニック、カンファレンスの事前や当日の準備、スムーズかつストレスなく吸収するための工夫など、盛りだくさんな内容になっています。また、一般参加の先に登壇や運営といったかかわり方・参加の仕方があることも示せたと思います。

執筆いただいた皆様、ありがとうございました。いずれも大変読みごたえがある記事であり、さっそく次のカンファレンス参加の時に使ってみようと思わせる内容がたくさんありました。これまで明示されることの少なかったテクニックを整理したという大きな意義があったと思います。

カンファレンス主催・運営の立場にある4人の方から、インタビュー形式にてカンファレンスの設計、主催意図、テーマ設定といった普段あまり表に出てこない点について深く語っていただきました。1フレーズのテーマに込められた意図、あるいはCfPや開催挨拶に込められた主催者の思いなどは、直接でなければ聞けない内容です。お忙しい中本当にありがとうございました。

また、素敵な表紙を作っていただきました、湊川あい@llminatollさん、いつもありがとうございます。今回は、カンファレンスへの期待感をこめてとのことで全身入りのワンストップくんちゃんでした。また、背景はマルチトラックのカンファレンスをイメージしたタイムテーブルです。きっと素敵なセッションに巡り合えたことでしょう。

この本を通じて、読者および執筆者の皆さんが素敵なカンファレンスに出合い、よい学びとその後につながるさまざまなチャンス、縁に恵まれることを祈っております。新型コロナ禍という先の見通しづらい状況ではありますが、試行錯誤の中で、新しい学びの場として今後も広がっていくと信じております。どこかのカンファレンスで会ったとき、ぜひ「カンファレンス本に触発されて参加するようになりました！」といったことを教えて下さい。著者一同狂喜乱舞することでしょう。

2021年9月

編集　おやかた@oyakata2438　拝

親方Project

著者紹介

親方Project（おやかたぷろじぇくと）

大規模プラント向けの計測システムの研究・開発に従事。その傍ら、2008年より電子工作をネタに同人サークルを立ち上げ現在に至る。また最近ではエンジニアのスキルに関する合同誌の企画・編集を行っている。技術同人誌の執筆者を増やすため、LT会やカンファレンスでの登壇を通じ勧誘を行っている。

執筆者紹介

KANE（@higuyume）

人の力で世界を便利にする企業で働いているWebディレクター。Podcast生やすお兄さんとして、複数のPodcastを掛け持ちして配信をしています。

hanai（@hanahiro_aze）

TACO Organizer, カンファレンススタッフなどお手伝いをよくしています。

森一樹（@viva_tweet）

ふりかえりを広めるため、日本全国で活動する「ふりかえりエバンジェリスト」。ふりかえりに関する書籍（アジャイルなチームをつくる ふりかえりガイドブック（翔泳社））やPodcast（ふりかえりam）を発信中。カンファレンスって色んな楽しみ方があるんです。黄色い人を見かけたら気軽に声をかけてくださいね！

いきいきいくお（@dora_e_m）

開発（Develop）を愛する人たちの集まり、DevLOVEによく出没する人。所属する企業においては、研究開発のディレクションとエンジニアがいきいきと働けるDX（Developer eXperience）を重視した風土づくりという両輪を回し続けている。近年はアジャイル開発に助けられているが、一番助けてくれているのはいつも一緒にいるチームメンバーたちだったりする。著書『いちばんやさしいアジャイル開発の教本』（インプレス）

こばせ（@kobase555）

参加したカンファレンスでよく実況してる人。

aki.m（@Aki_Moon_）

システム開発について色々と勉強中。様々なイベントに遍在しています

ふーれむ（@ditflame）

大阪在住。前職はSIerでしたが数年前に飽きて今は恐らく社内SEになりました。ゼネラリスト的なやつです。関西はカンファレンスがないわけでもないのですが、シングルトラックの勉強会形式のものが多いので関東の事情がうらやましいなー　と思っていたのですが、最近はオンライン化されて格差が減ったな…と感じています。

たかのあきこ（@akiko_pusu）

長年IT系のカンファレンスから刺激とパワーを貰いながら、いつのまにか社会人歴四半世紀以上になりました。インターネット黎明期から、たくさんの皆さんのアウトプットに助けられて、ここまでやってこれています！

◎本書スタッフ
アートディレクター/装丁：岡田章志＋GY
編集協力：深水 央
ディレクター：栗原 翔
〈表紙イラスト〉
湊川 あい（みなとがわ あい）
フリーランスのWebデザイナー・漫画家・イラストレーター。マンガと図解で、技術をわかりやすく伝えることが好き。著書『わかばちゃんと学ぶ Webサイト制作の基本』『わかばちゃんと学ぶ Git使い方入門』『わかばちゃんと学ぶ Googleアナリティクス』が全国の書

店にて発売中のほか、動画学習サービスSchooにてGit入門授業の講師も担当。マンガでわかるGit・マンガでわかるDocker・マンガでわかるUnityといった分野横断的なコンテンツを展開している。
Webサイト：マンガでわかるWebデザイン http://webdesign-manga.com/
Twitter：@llminatoll

技術の泉シリーズ・刊行によせて
技術者の知見のアウトプットである技術同人誌は、急速に認知度を高めています。インプレスR&Dは国内最大級の即売会「技術書典」(https://techbookfest.org/) で頒布された技術同人誌を底本とした商業書籍を2016年より刊行し、これらを中心とした『技術書典シリーズ』を展開してきました。2019年4月、より幅広い技術同人誌を対象とし、最新の知見を発信するために『技術の泉シリーズ』へリニューアルしました。今後は「技術書典」をはじめとした各種即売会や、勉強会・LT会などで頒布された技術同人誌を底本とした商業書籍を刊行し、技術同人誌の普及と発展に貢献することを目指します。エンジニアの"知の結晶"である技術同人誌の世界に、より多くの方が触れていただくきっかけになれば幸いです。

株式会社インプレスR&D
技術の泉シリーズ　編集長　山城 敬

●お断り
掲載したURLは2021年10月1日現在のものです。サイトの都合で変更されることがあります。また、電子版ではURLにハイパーリンクを設定していますが、端末やビューアー、リンク先のファイルタイプによっては表示されないことがあります。あらかじめご了承ください。
●本書の内容についてのお問い合わせ先
株式会社インプレスR&D　メール窓口
np-info@impress.co.jp
件名に「『本書名』問い合わせ係」と明記してお送りください。
電話やFAX、郵便でのご質問にはお答えできません。返信までには、しばらくお時間をいただく場合があります。
なお、本書の範囲を超えるご質問にはお答えしかねますので、あらかじめご了承ください。
また、本書の内容についてはNextPublishingオフィシャルWebサイトにて情報を公開しております。
https://nextpublishing.jp/

●落丁・乱丁本はお手数ですが、インプレスカスタマーセンターまでお送りください。送料弊社負担に てお取り替え
させていただきます。但し、古書店で購入されたものについてはお取り替えできません。
■読者の窓口
インプレスカスタマーセンター
〒 101-0051
東京都千代田区神田神保町一丁目 105番地
TEL 03-6837-5016／FAX 03-6837-5023
info@impress.co.jp
■書店／販売店のご注文窓口
株式会社インプレス受注センター
TEL 048-449-8040／FAX 048-449-8041

技術の泉シリーズ

エンジニアのための カンファレンス参加の楽しみ方

2021年10月8日　初版発行Ver.1.0（PDF版）

編　者　　親方Project
編集人　　山城 敬
企画・編集　合同会社技術の泉出版
発行人　　井芹 昌信
発　行　　株式会社インプレスR&D
　　　　　〒101-0051
　　　　　東京都千代田区神田神保町一丁目105番地
　　　　　https://nextpublishing.jp/
発　売　　株式会社インプレス
　　　　　〒101-0051　東京都千代田区神田神保町一丁目105番地

印刷・製本　京葉流通倉庫株式会社
Printed in Japan

ISBN978-4-295-60054-1

NextPublishing®

●本書はNextPublishingメソッドによって発行されています。
NextPublishingメソッドは株式会社インプレスR&Dが開発した、電子書籍と印刷書籍を同時発行できる
デジタルファースト型の新出版方式です。https://nextpublishing.jp/